环境影响经济损益分析
理论、方法与应用

李 巍 周思杨 陈佳璇 李 娜 著

科学出版社

北京

内 容 简 介

本书从促进生态文明制度建设、提高环境影响评价质量、强化环境经济管理手段的角度，辨析了环境影响经济损益分析的概念内涵，阐明了开展环境影响经济损益分析的目的和意义，系统总结了国内外相关研究与应用进展，从生态环境价值评估和生态环境损害评估两个分类重点介绍了相关理论与方法；提出了环境影响经济损益分析的一般技术流程、指标分类及筛选方法和总体指标体系架构；结合区域矿山开发生态环境损害评估、城市发展规划环境影响评价、环境空气污染居民健康风险评价、建设项目环境影响评价以及环境污染损害司法鉴定等领域的典型案例，重点介绍了环境影响经济损益分析的应用过程、模式和特点。

本书可供环境经济分析、环境影响评价、政策分析与评估、环境规划与管理以及其他环境保护、政策研究等相关领域的科研和技术人员使用，还可供相关专业领域的研究生和本科生参考。

图书在版编目(CIP)数据

环境影响经济损益分析理论、方法与应用 / 李巍等著. —北京：科学出版社，2019.11

ISBN 978-7-03-062323-2

Ⅰ. ①环…　Ⅱ. ①李…　Ⅲ. ①环境影响-经济分析　Ⅳ. ①X196

中国版本图书馆 CIP 数据核字（2019）第 205770 号

责任编辑：张　震　孟莹莹　范慧敏 / 责任校对：彭珍珍
责任印制：吴兆东 / 封面设计：无极书装

科 学 出 版 社 出版
北京东黄城根北街 16 号
邮政编码：100717
http://www.sciencep.com
北京中石油彩色印刷有限责任公司印刷
科学出版社发行　各地新华书店经销
*

2019 年 11 月第 一 版　开本：720×1000 1/16
2019 年 11 月第一次印刷　印张：11
字数：220 000

定价：99.00 元
（如有印装质量问题，我社负责调换）

本书出版受以下项目资助：

国家重点研发计划课题"城市群代谢模拟与生态风险预测预警
　　技术"（2016YFC0502802）
生态环境部"建设项目竣工环境保护验收调查和监测专项"
　　（2110203）
环保公益项目"流域综合规划环境影响评价关键技术研究"
　　（2013467042）
生态环境部环境影响评价专项项目"流域开发规划环境影响评
　　价成效研究及对策建议"

目 录

第1章 环境影响经济损益分析总论 ……………………………………… 1

1.1 环境影响经济损益分析相关概念与辨析 ……………………… 1
1.1.1 环境影响与环境影响评价的概念 ……………………… 1
1.1.2 环境影响经济损益分析的概念 ………………………… 4
1.1.3 环境影响经济损益分析概念辨析 ……………………… 5
1.2 环境影响经济损益分析的主要目的 ………………………… 6
1.2.1 提高环境影响评价质量 ………………………………… 6
1.2.2 加强环境与发展经济决策 ……………………………… 7
1.2.3 推动生态环境损害赔偿制度建设 ……………………… 7
1.3 开展环境影响经济损益分析的重要意义 …………………… 8
1.3.1 落实生态文明制度要求的重要手段 …………………… 8
1.3.2 推动社会经济高质量发展的重要任务 ………………… 8
1.3.3 强化环境管理的重要工作 ……………………………… 9
1.4 环境影响经济损益分析研究进展 …………………………… 10
1.4.1 国外环境影响经济损益分析研究进展 ………………… 10
1.4.2 国内环境影响经济损益分析研究进展 ………………… 15

第2章 环境影响经济损益分析理论与方法 ……………………………… 20

2.1 生态环境价值评估理论与方法 ……………………………… 20
2.1.1 生态环境价值评估理论 ………………………………… 20
2.1.2 生态环境价值评估方法 ………………………………… 24
2.2 生态环境损害评估理论与方法 ……………………………… 28
2.2.1 生态环境损害评估理论 ………………………………… 28
2.2.2 生态环境损害评估方法 ………………………………… 32

第3章 环境影响经济损益分析技术流程与指标筛选 …………………… 35

3.1 环境影响经济损益分析技术流程 …………………………… 35
3.1.1 一般技术流程 …………………………………………… 35
3.1.2 环境影响因素识别 ……………………………………… 38
3.2 环境影响经济损益分析指标分类筛选 ……………………… 44

　　　　3.2.1　质量型指标 ··· 44

　　　　3.2.2　功能型指标 ··· 44

　　　　3.2.3　健康型指标 ··· 45

　　　　3.2.4　安全型指标 ··· 45

　　3.3　环境影响经济损益分析指标体系架构 ··························· 45

第4章　环境影响经济损益分析在区域矿山开发生态环境损害评估中的应用 ··· 48

　　4.1　矿山开发生态环境损害核算 ································ 48

　　　　4.1.1　矿山开发生态环境影响分析 ······················· 48

　　　　4.1.2　生态环境损害核算步骤 ··························· 51

　　　　4.1.3　山西省矿山开发生态环境损害核算指标体系 ········· 52

　　　　4.1.4　山西省矿山开发生态环境损害价值量核算方法 ······· 53

　　4.2　山西省矿山开发生态环境损害实物量核算 ··············· 59

　　　　4.2.1　矿山开发概况 ··································· 59

　　　　4.2.2　矿山开发对大气环境的污染 ······················· 62

　　　　4.2.3　矿山开发对水环境的污染 ························· 62

　　　　4.2.4　固体废物对环境的污染 ··························· 63

　　　　4.2.5　矿山开发对水环境生态系统的破坏 ················· 64

　　　　4.2.6　矿山开发对土地生态系统的影响 ················· 65

　　4.3　山西省矿山开发生态环境损害价值量核算 ··············· 66

　　　　4.3.1　矿山开发生态环境损害总价值量核算 ············· 67

　　　　4.3.2　各市矿山开发生态环境损害价值量核算 ··········· 71

　　　　4.3.3　各县（市、区）矿山开发生态环境损害价值量核算 ··· 75

　　4.4　结论与建议 ··· 75

第5章　环境影响经济损益分析在城市发展规划环境影响评价中的应用 ··· 76

　　5.1　山西省孝义市概况 ······································· 76

　　　　5.1.1　自然环境与资源概况 ····························· 76

　　　　5.1.2　发展现状 ····································· 83

　　　　5.1.3　发展回顾 ····································· 86

　　5.2　环境污染虚拟治理成本分析 ······························· 90

　　5.3　环境污染经济损失评估 ································· 91

　　　　5.3.1　大气污染损失 ····································· 91

　　　　5.3.2　水污染损失 ····································· 94

　　　　5.3.3　固体废物占地损失 ································· 98

　　　　5.3.4　生态破坏损失 ····································· 98

　　　5.3.5　环境污染经济损失综合评估 ···98

第6章　环境影响经济损益分析在北京市空气污染居民健康风险评价中的
　　　应用 ···100

　6.1　城市空气污染基本情况介绍 ···100
　6.2　居民健康空气污染暴露风险评价方法 ······························101
　6.3　居民健康空气污染暴露风险经济价值核算 ······················102

第7章　环境影响经济损益分析在典型建设项目环境影响评价中的应用 ·······108

　7.1　煤炭建设项目 ···108
　　　7.1.1　行业概况 ···108
　　　7.1.2　项目概况 ···110
　　　7.1.3　环境影响经济损益分析 ··110
　7.2　公路建设项目 ···113
　　　7.2.1　行业概况 ···113
　　　7.2.2　项目概况 ···114
　　　7.2.3　环境影响经济损益分析 ··115
　7.3　石化建设项目 ···118
　　　7.3.1　行业概况 ···119
　　　7.3.2　项目概况 ···120
　　　7.3.3　环境影响经济损益分析 ··135
　7.4　钢铁建设项目 ···137
　　　7.4.1　行业概况 ···137
　　　7.4.2　项目概况 ···138
　　　7.4.3　环境影响经济损益分析 ··140

第8章　环境影响经济损益分析在环境污染损害司法鉴定中的应用 ··········143

　8.1　个人利益经济损失评估 ···143
　　　8.1.1　朔州市电厂漏水导致果园植物死亡案 ······················143
　　　8.1.2　邢台市倾倒危险废物案 ··145
　　　8.1.3　某地居民宅基地石油泄漏案 ····································146
　8.2　公共利益经济损失评估 ···149
　　　8.2.1　天津市大张庄镇倾倒废酸案 ····································149
　　　8.2.2　西安市污水处理厂污泥处置案 ·································149
　　　8.2.3　西安市雁塔区倾倒废酸污染土案 ·····························151
　　　8.2.4　阳泉市废机油桶拆解场地环境污染案 ······················152

8.2.5　霍州市煤矸石非法倾倒生态环境破坏案 ┄┄┄┄┄┄┄┄┄┄┄ 153

参考文献 ┄┄┄┄┄┄┄┄┄┄┄┄┄┄┄┄┄┄┄┄┄┄┄┄┄┄┄┄┄┄┄┄┄┄ 155

附表　2015 年山西省各县（市、区）矿区生态环境损害量核算统计 ┄┄┄┄ 158

第1章 环境影响经济损益分析总论

2005 年 8 月，时任浙江省委书记的习近平首次提出"绿水青山就是金山银山"的科学论断。2013 年 11 月，《中共中央关于全面深化改革若干重大问题的决定》提出加快建设生态文明制度，实行最严格的损害赔偿、责任追究等制度；实行资源有偿使用制度和生态补偿制度。2015 年 9 月，《生态文明体制改革总体方案》要求："树立自然价值和自然资本的理念，自然生态是有价值的，保护自然就是增值自然价值和自然资本的过程，就是保护和发展生产力，就应得到合理回报和经济补偿。"同年 11 月，《开展领导干部自然资源资产离任审计试点方案》提出对领导干部实行自然资源资产离任审计，涉及的重点领域包括土地资源、水资源、森林资源以及矿山生态环境治理、大气污染防治等。2016 年 12 月，《中华人民共和国环境保护税法》中对应税大气污染物、水污染物等的污染当量及应纳税额进行了货币化联系。2017 年 1 月，《关于全民所有自然资源资产有偿使用制度改革的指导意见》要求完善国有土地、水、矿产等资源的有偿使用制度。由此可见，分析战略、规划及建设项目的生态、环境与资源消耗成本，明确其环境经济综合损失与效益已是大势所趋和发展必然。

1.1 环境影响经济损益分析相关概念与辨析

1.1.1 环境影响与环境影响评价的概念

1.1.1.1 环境影响

《中华人民共和国环境保护法》规定，环境是指影响人类生存和发展的各种天然的和经过人工改造的自然因素的总体，包括大气、水、海洋、土地、矿藏、森林、草原、湿地、野生生物、自然遗迹、人文遗迹、自然保护区、风景名胜区、城市和乡村等。

人类的活动会对周围的环境产生各种各样的影响。环境影响的定义有多种，根据 2000 年国家环境保护总局编的《中国环境影响评价培训教材》中的定义，环境影响是指"人类活动（经济活动或社会活动）对环境的作用和导致的环境变化以及由此引起的对人类社会和经济的效应"。而 1996 年亚洲开发银行编著的《环境影响的经济评价：工作手册》（*Economic Valuation of Environmental Impacts: A Workbook*）定义环境影响是指"一个受体暴露给影响因子的变化后，所发生的化学、生物或物理后果。影响的程度通常可以通过剂量-反应关系量化"。环境影响可按照影响方式、影响效果、影响性质等多种方式分类，如表 1.1 所示。对环境影响进行科学分类有利于环境管理等工作高效开展。

表 1.1　环境影响的分类

分类方式	内容
按照影响方式分类	直接影响、间接影响
按照影响效果分类	有利影响、不利影响
按照影响性质分类	可逆影响、不可逆影响
按照影响时间分类	短期影响、长期影响
按照影响效应分类	累积影响、叠加影响、跨界影响等
按照影响区域分类	局地影响、区域影响等
按照影响阶段分类	建设期影响、运营期影响、退役期影响

基于上述定义，本书认为环境影响是人类活动对环境造成的任何有益的或有害的、长期的或短期的、直接的或间接的变化，而且这种变化通常可以通过一定的科学方法进行量化。按照不同的角度，我们可以对环境影响进行相应的分类。

（1）按照影响方式可以分为直接影响和间接影响。直接影响与人类活动在时间上同时，在空间上同地；而间接影响在时间上推迟，在空间上较远，但是在合理预见范围内。

（2）按照影响效果可以分为有利影响和不利影响。有利影响是指对人群健康、社会经济发展或其他环境状况和功能有积极的促进作用的影响。反之，则为不利影响。需要注意的是，有利和不利是相对的，是可以相互转化的。而且不同的个人、团体和组织等由于价值观念、利益需要等的不同，对同一环境的评价会不尽相同。环境影响的有利和不利的确定，要综合考虑多方面的因素。

（3）按照影响性质可以划分为可逆影响和不可逆影响。一般认为，在环境承载范围内对环境造成的影响是可逆影响；超出环境承载范围，则为不可逆影响。

1.1.1.2　环境影响评价

环境影响评价（environmental impact assessment，EIA）是我国环境管理体系中的重要制度，根本目的是鼓励在规划和决策中考虑环境因素，最终达到提高人类活动与环境的相容性。《中华人民共和国环境保护法》要求："未依法进行环境影响评价的开发利用规划，不得组织实施；未依法进行环境影响评价的建设项目，不得开工建设。"依据评价对象不同，我国环境影响评价可分为建设项目环境影响评价、规划环境影响评价和战略环境评价三类。

1. 建设项目环境影响评价

结合《中华人民共和国环境影响评价法》，建设项目环境影响评价（environmental impact assessment of construction project）是指对建设项目实施后可能造成的环境影响进行分析、预测和评估，提出预防或者减轻不良环境影响的对策和措施，以及进行跟踪监测的方法与制度。

2. 规划环境影响评价

规划环境影响评价（plan environmental impact assessment，PEIA）指在规划编制阶段，对规划实施后可能造成的环境影响进行分析、预测和评价，提出预防或者减轻不良环境影响的对策和措施。2003 年《中华人民共和国环境影响评价法》的实施，正式确立了中国规划层次环境影响评价的法律地位。我国规划环境影响评价是在政策法规制定之后，项目实施之前，对有关规划进行科学评价，内容涉及土地利用，区域、流域、海域开发建设，工业、农业、畜牧业、林业、能源、水利、交通、城市建设、旅游、自然资源开发（简称"一地、三域、十个专项"）等主要经济发展部门。根据《中华人民共和国环境影响评价法》的规定，需要开展环境影响评价的规划主要包括以下两类。

（1）专项规划。专项规划一般指规划的范围或者领域相对较窄，内容比较专门的规划，包括工业、农业、畜牧业、林业、能源、水利、交通、城市建设、旅游、自然资源开发的有关专项规划。专项规划一般分为指导性专项规划和非指导性专项规划。《中华人民共和国环境影响评价法》中所言的指导性规划指专项规划中宏观性、预测性规划。专项规划中指导性规划需要编写规划实施后有关环境影响的篇章或者说明，专项规划中非指导性规划需要编写环境影响报告书。

（2）综合性规划。综合性规划包含土地利用有关规划和区域、流域、海域建设、开发利用规划。土地利用有关规划，区域、流域、海域的建设、开发利用规划要求编写规划实施后有关环境影响的篇章或者说明。对于一些比较重要、实施后对环境影响比较大的规划，用"篇章"的形式；对于一些重要性较弱、实施后对环境影响相对较小的规划，可以用"说明"或者"专项说明"的形式。

3. 战略环境评价

战略环境评价（strategic environmental assessment，SEA），是环境影响评价在战略层次上的应用，它是对一项战略，如法律（law）、政策（policy）、计划（plan）、规划（program），以及其替代方案的环境影响进行正式、系统和综合的评价过程。战略环境评价通过对战略可能产生的环境影响进行分析评价，提出预防和减缓不良环境影响的措施，并提出相应的环境保护对策及战略调整建议，从决策源头控制环境问题的出现，促进社会经济环境系统的可持续发展。战略在时空范围内的具体化和细化具有相对性，决定了战略环境评价具有层次性。目前，学者比较认同的战略环境评价的四个层次分别是：政策（包括国家和地方政策）、法律（包括国家和地方制定的法律法规，以及行政法规、政府规章、部门规章等）、计划（如国家五年计划）和规划。国外对战略环境评价的四个层次的划分较为明晰，且不同战略，如政策、计划、规划具有相对确定的内涵和外延。在我国，"计划"和"规划"没有明确的界限，一般而言，"规划"倾向于针对空间上的布局，"计划"则强调时间的安排。我国的正式文件中对于"计划"一词在计划经济体制下使用较为频繁，如"第一个五年计划"到"第九个五年计划"；随着市场经济以及法治理念的不断深入，"计划"一词逐渐被"规划"所取代，如"十五规划"到"十三五规划"。因此，单从字面和概念上区别这两个词很困难，现在较为公认的办法是将"计划"和"规划"方面的环境影响评价统称为规划环境影响评价。由于《中华人民共和国环境影响评价法》要求对规划层面开展环境影响评价，因此我国当前战略环境评价的开展几乎都集中在"规划"领域。

1.1.2 环境影响经济损益分析的概念

当前尚未形成统一的环境影响经济损益分析概念，学术界主要形成两类观点：一类观点认为环境影响经济损益分析指以货币形式表示建设项目、规划、战略对环境的有利影响和不利影响，实现工程对环境影响的综合评价；另一类观点认为环境影响经济损益分析指估算建设项目、规划、战略所引起的环境影响的经济价值，并将其纳入整体费用-效益分析（cost benefit analysis，CBA）中，以判断环境影响对建设项目、规划、战略的可行性所产生的影响。以上两类观点的主要区别在于是否将建设项目、规划、战略产生环境影响的经济价值纳入整体经济分析中。

《建设项目环境影响评价技术导则 总纲》（HJ 2.1—2016）中对环境影响经济损益分析的表述为："以建设项目实施后的环境影响预测与环境质量现状进行比较，从环境影响的正负两方面，以定性与定量相结合的方式，对建设项目的环境影响后果（包括直接和间接影响、不利和有利影响）进行货币化经济损益核算，估算建设项目环境影响的经济价值。"该表述侧重对建设项目产生环境影响的界定，未将环境影响经济损益分析纳入建设项目整体经济分析中，属于较为狭义的环境影响经济损益分析概念。

综上所述，本书认为广义的环境影响经济损益分析是指将建设项目、规划、战略实施后的资源储量、生态环境影响预测分别与现状值进行比较，利用以环境经济学为理论基础的定量方法，对建设项目、规划、战略的资源、生态、环境影响（包括直接和间接影响、不利和有利影响、可逆和不可逆影响）进行货币化经济损益核算，估算建设项目、规划、战略环境影响的经济价值。

1.1.3　环境影响经济损益分析概念辨析

在实践过程中，环境影响经济损益分析通常与建设项目的财务分析概念相混淆。财务分析是指以建设项目的会计核算基础数据、财务报表等相关信息为基础，运用科学合理的分析方法，对建设项目财务运行的结果及其形成过程和原因进行分析，全面、客观地评价建设项目财务状况和经营成果，并为信息使用者做出正确决策提供依据的经营管理活动。

一般来说，财务分析的目的主要包括以下几方面。

（1）评价建设项目财务状况。财务分析是在以财务报表为代表的财务资料的基础上进行的，因此，进行财务分析时需要掌握建设项目资金的流动状态是否良好，资金成本和资本结构是否合理，现金流量状况是否正常等，以期为投资人和经营管理者提供有用的决策信息。

（2）评价建设项目盈利能力。清偿能力和盈利能力是建设项目财务评价的两大基本指标，追求最大的盈利能力是建设项目经营的主要目标。财务分析应从不同的角度对建设项目盈利能力进行深入分析和全面评价，据此预测建设项目经营风险和财务风险的大小。

（3）评价建设项目成本费用水平。财务分析要对建设项目一定时期的成本费用耗用情况做出全面分析和评价，并对成本费用耗费的组成结构进行分析，以此来说明成本费用增减变动的实际原因。

（4）评价建设项目未来发展能力。财务分析要根据建设项目的盈利能力、清偿能力及其他资料，对建设项目的中长期发展水平做出合理预测和客观评价，能够为建设项目利益相关者提供决策信息。

与环境影响经济损益分析类似，建设项目财务分析通常是通过计算一系列财务指标实现的，分析结果不仅取决于所用基础数据的准确性，也取决于所选择的指标体系的合理性。财务指标有如下分类。

第一，根据资金的时间价值，可分为静态评估指标（通常包括借款偿还期、投资利润率、流动比率、速动比率和资产负债率等）和动态评估指标（通常包括财务净现值、财务内部收益率）。

第二，根据财务分析的目标，可分为盈利能力和清偿能力两类指标。盈利能力指标包括财务内部收益率、财务净现值、投资回收期、资本金利润率等，清偿能力指标包括借款偿还期、资产负债率、流动比率、速动比率等。

由于建设项目所属行业和选址不同，环境影响经济损益分析选取指标也存在差异，通常包括如下内容。

第一，不利环境影响减缓措施费用。包括治理环境污染的费用（通常包括声屏障、防噪林等声环境污染治理费用，废气处理、施工期降尘等环境空气污染治理费用，生产、生活污水处理设施等地表水污染治理费用及环境监测、环保税费等环境管理费用）和生态环境保护费用（包括湿地、草原、牧场的保护工程费用，自然保护区、生态保护红线的防护措施费用等）。

第二，生态环境影响造成的经济损失。考虑建设项目的建设期、运营期及退役期对生态系统及其服务功能的破坏和对环境的污染。生态类指标包括建设项目对草地、林地等面积侵占，生物多样性、固碳等生态服务功能造成的价值损失；环境类指标包括建设项目各时期对水、大气、土壤、生态系统及其服务功能的不良影响而造成的经济损失。此外，生态环境影响造成的经济损失还包括生态环境破坏对人体健康产生不良影响造成的经济损失。

第三，建设项目产生的生态环境效益。将建设项目实施环境保护措施后的生态环境状况与未实施环境保护措施的生态环境状况对比，分析建设项目产生的环境效益，主要包括保护生物多样性、减少耕地占用的直接效益指标，及由于环境保护而提高居民的生活质量的间接效益指标。

1.2　环境影响经济损益分析的主要目的

1.2.1　提高环境影响评价质量

由于《中华人民共和国环境影响评价法》与《建设项目环境影响评价技术导则 总纲》（HJ 2.1—2016）等相关法律、标准中，对环境影响经济损益分析规定相对笼统，难以开展行之有效的环境影响经济损益分析。深入开展环境影响经济损益分析，有助于从以下方面提升环境影响经济损益分析指标体系在环境影响评价工作中的实用性。

（1）提高代表性。目前的环境影响经济损益分析指标体系仅包含环保投资、环境费效比、环境工程治理成本等整体性指标。环境影响经济损益分析研究有利于体现并明确不同行业建设项目的环境经济损失特点。

（2）延伸覆盖面。现有环境经济代价与收益的指标多简单概括为资源或能源的流失代价以及直接或间接的经济收益。环境影响经济损益分析研究将探索并填补大气污染损失、生态功能降低等具体环境要素经济损失的指标。

（3）加强操作性。实践工作中，由于缺乏对指标的系统性梳理，针对环境影响经济损益分析中某一具体的项目，在操作过程中往往存在多种评价指标，难以从中筛选恰当的指标进行准确评价，在一定程度上制约了环境影响评价有效性的发挥。开展环境影响经济损益分析指标体系研究，构建系统、具体、合理的指标体系，有助于更加深刻地揭示战略、规划实施或建设项目潜在的生态环境损失成本，支持综合决策。

1.2.2　加强环境与发展经济决策

生态环境保护和社会经济发展相结合，要求对经济发展、社会发展和生态环境保护统筹规划、合理安排、全面考虑，实现最佳的经济效益、社会效益和环境效益。

生态环境保护工作中经常涉及的污染物排放量、森林覆盖率等指标均具有各自的单位，如吨、毫升等，而社会经济发展指标通常运用货币单位。以上二者间不能直接进行比较或加和，给生态环境和社会经济的协调发展、综合决策带来一定困难。

环境影响经济损益分析研究的主要对象是经济发展过程中产生的生态环境影响，并运用合适的方法将这些影响量化与货币化。分析结果能够与区域社会经济发展相关要求进行比较，便于提升环境与发展经济决策效率。

环境影响经济损益分析在生态系统服务价值评估、环境损害价值评估及自然资源价值评估等技术方法支持下，有助于我国环境与发展经济政策不断向生产、流通、分配、消费全过程延伸，扩大调控范围、增强调控功能，使之日益成为绿色发展转型、环境质量改善、生态管控的重要手段。

1.2.3　推动生态环境损害赔偿制度建设

2017 年，中共中央办公厅、国务院办公厅印发的《生态环境损害赔偿制度改革方案》要求："通过在全国范围内试行生态环境损害赔偿制度，进一步明确生态环境损害赔偿范围、责任主体、索赔主体、损害赔偿解决途径等，形成相应的鉴定评估管理和技术体系、资金保障和运行机制，逐步建立生态环境损害的修复和赔偿制度，加快推进生态文明建设。"

目前，我国生态环境修复与赔偿的技术支撑仍有欠缺，如赔偿标准体系、价值评估体系尚未完善，缺乏统一、权威的指标体系和测算方法。开展环境影响经济损益分析，探索建立生态环境损害修复与赔偿价格评估机制与定价的范围区间，梳理评估体系，完善评估技术，通过理论与实践相结合的方式，可解决上述问题。

此外，环境影响经济损益分析还有利于探索生态环境损害修复备用金征收模式。企业可通过环境影响经济损益分析，明确其开发造成生态环境损害的经济价值，并以此金额在银行建立专门的备用金账户，为后续修复与赔偿工作提供资金保障。

1.3 开展环境影响经济损益分析的重要意义

1.3.1 落实生态文明制度要求的重要手段

生态文明建设是关系中华民族永续发展的根本大计。"绿水青山就是金山银山"为我们建设生态文明、建设美丽中国提供了根本遵循。深刻认识和把握"绿水青山就是金山银山"理念的逻辑，对于当前加快生态文明体制改革，建设美丽中国具有重要的理论和现实意义（陈光炬，2018）。

党的十八大以来，我国开展一系列根本性、开创性、长远性工作，加快推进生态文明顶层设计和制度体系建设。2017 年 10 月，"必须树立和践行绿水青山就是金山银山的理念"被写进党的十九大报告，"增强绿水青山就是金山银山的意识"被写进新修订的《中国共产党章程》中。"绿水青山就是金山银山"的科学论断已成为我国重要的环境经济理念。该理念体现了中国人民对人与自然和谐共生、生态环境保护与社会经济协调发展的追求；突出绿水青山的生态效益、经济效益、社会效益，以经济规律、自然规律、环境污染治理和生态保护、社会规律和文化规律相一致的方式，争取更高质量、更有效益的发展。

环境影响经济损益分析正是有效联通生态环境保护与社会经济发展的桥梁。通过环境经济手段对山、水、林、田、湖、草等生态因子及其服务功能和水、大气、土壤等环境因子的货币化处理，既有利于深入研究各因子之间的相互作用，突出生态环境因子的属性，也有利于分析生态环境要素与社会经济要素间的互动关系，促进绿色发展。因此，环境影响经济损益分析可作为落实"绿水青山就是金山银山"理念的技术支撑，进而助推生态文明建设在我国的进一步落实。

1.3.2 推动社会经济高质量发展的重要任务

我国经济发展已进入新时代，推动高质量发展，既是保持经济持续健康发展的必然要求，也是适应我国社会主要矛盾变化和全面建成小康社会、全面建设社会主义现代化国家的必然要求，更是遵循经济规律发展的必然要求。

通常而言，高质量发展强调社会、经济、生态环境三类效益的协调统一。一般而言，经济效益是人类活动在资金占用、成本支出与产出成果之间的比较，社会效益是人类活动满足公共需求的度量，生态环境效益是对人类活动的环境后果的衡量。三类效益均存在正向效益（即收益）和负向效益（即损失）。

从根本上来说，生态环境效益是经济效益和社会效益的基础，经济效益、社会效益则是生态环境效益的后果，三者互为条件，相互影响。通过货币计量手段，环境影响经济损益分析能够按照战略、规划与建设项目在实施前后、环保措施执行前后的生态环境不利或有利影响指标进行评价，并将其货币值纳入社会与经济发展指标体系之中，实现三类效益统筹考虑的目的。

1.3.3　强化环境管理的重要工作

党的十八大以来，我国开展了一系列根本性、开创性、长远性环境管理工作，加快推进生态文明顶层设计和制度体系建设，加强法治建设，建立并实施中央环境保护督察制度，大力推动绿色发展，深入实施大气、水、土壤污染防治三大行动计划。我国近年来发布的部分环境管理相关法律及文件见表1.2。

表1.2　我国近年来发布的部分环境管理相关法律及文件

日期	名称	主要内容
2013年11月（公布）	《中共中央关于全面深化改革若干重大问题的决定》	提出加快建设生态文明制度，实行最严格的损害赔偿、责任追究等制度；实行资源有偿使用制度和生态补偿制度
2015年1月（施行）	《中华人民共和国环境保护法》（2014年修订版）	新环保法在加强环境影响评价、排污许可管理、生态保护红线等环境管理基本制度，加大企业违法排污责任等方面的同时，提出采取促进人与自然和谐的技术和措施，鼓励投保环境污染责任保险，进一步完善了环境经济政策
2015年9月（印发）	《生态文明体制改革总体方案》	要求树立自然价值和自然资本的理念，自然生态是有价值的，保护自然就是增值自然价值和自然资本的过程，就是保护和发展生产力，就应得到合理回报和经济补偿
2015年11月（印发）	《开展领导干部自然资源资产离任审计试点方案》	提出对领导干部实行自然资源资产离任审计，涉及的重点领域包括土地资源、水资源、森林资源以及矿山生态环境治理、大气污染防治等
2018年1月（施行）	《中华人民共和国环境保护税法》	规定在中华人民共和国领域和中华人民共和国管辖的其他海域，直接向环境排放应税污染物的企业事业单位和其他生产经营者为环境保护税的纳税人，应当依照本法规定缴纳环境保护税。所附"环境保护税税目税额表"和"应税污染物和当量值表"明确了44项大气污染物、61项水污染物、4项固体废物及6类分贝等级工业噪声，在法律层面上将各类污染物的当量值与应税额进行了货币化联系

环境影响评价作为减缓规划和建设项目实施后不良环境影响的重要法制工具，长期在我国环境管理工作中发挥关键作用。开展环境影响经济损益分析，进一步完善环境影响评价技术手段，不仅在方法层面上提升了环境影响评价工作的科学性和有效性，同时在环境管理的实践层面上顺应了推动生态文明、建设美丽中国的宪法要求。

1.4　环境影响经济损益分析研究进展

环境影响经济损益分析研究的重点在于人类活动对各类生态环境影响的识别与货币化。人类活动对生态环境的影响可分为有利影响和不利影响两个方面。在社会经济发展进程中，区域战略、规划及建设项目对生态环境的影响通常以不利影响为主，评估开发活动对生态环境的损害显得尤为重要。因此，本节着重回顾国内外生态环境价值评估与生态环境损害评估相关研究状况。

1.4.1　国外环境影响经济损益分析研究进展

1.4.1.1　生态环境价值评估

1.　生态系统服务分类及价值评估

环境影响经济损益分析指标体系从经济价值评估角度划分出质量型、功能型、健康型及安全型四类指标，其中功能型指标指生态功能，即生态系统服务。生态系统服务起初由 Constanza、de Groot 等学者组成的研究团队划分为 17 项，后增加至 22 项，并归纳为 4 类（de Groot et al.，2002；Constanza et al.，1997）。2005年，联合国"千年生态系统评估"（Millennium Ecosystem Assessment，MA）项目提出的分类方式在总结前人的分类成果的基础上优化分类，得到了国内外学者广泛认同（赵士洞等，2007）。其后，国际上出现的生态系统服务代表性分类，如德国"生态系统和生物多样性经济学"（The Economics of Ecosystems and Biodiversity，TEEB）项目和欧盟委员会"生态系统服务的国际通用分类"（Common International Classification of Ecosystem Services，CICES），均以 MA 项目分类为基础制定（表 1.3）。

表 1.3　国际生态系统服务代表性分类

Constanza 等（1997）	de Groot 等（2002）	MA（赵士洞等，2007）	TEEB（TEEB，2010）	CICES（European Environment Agency，2018）
1）大气调节	1.调节服务	1.供给服务	1.供给服务	1.供给服务
2）气候调节	1）大气调节	1）食物	1）食物	1）陆生植物所需营养、原料与能量
3）干扰调节	2）气候调节	2）纤维	2）水	2）培育水生植物所需营养、原料与能量
4）水体调节	3）水体调节	3）燃料	3）原料	3）野生（包括陆生和水生）植物所需营养、原料与能量

续表

Constanza 等（1997）	de Groot 等（2002）	MA（赵士洞等，2007）	TEEB（TEEB，2010）	CICES（European Environment Agency，2018）
5）水源供应	4）水源供应	4）基因资源	4）观赏资源	4）野生（包括陆生和水生）动物所需营养、原料与能量
6）侵蚀控制与沉积物保持	5）土壤保持	5）装饰资源	5）基因资源	5）药物资源植物、藻类、真菌的遗传物质
7）土壤形成	6）土壤形成	6）淡水	6）药物资源	6）动物的遗传物质
8）养分循环	7）养分循环	2.调节服务	2.调节服务	7）用于地表水的营养、原料与能量
9）废物处理	8）废物处置	7）空气质量	7）空气净化	8）用于地下水的营养、原料与能量
10）授粉	9）授粉	8）气候调节	8）气候调节	9）其他水域生态系统输出
11）生物控制	10）生物控制	9）水资源调节	9）扰动调节	10）其他
12）残遗种保护	2.生境服务	10）侵蚀调节	10）水流调节	2.调节服务
13）食物生产	11）残遗种保护	11）净化水质和处理废物	11）废弃物处理（尤其是净化水资源）	11）通过生命过程调节人为来源的废物或有毒物质
14）原料生产	12）育苗	12）疾病调控	12）侵蚀预防	12）调节人为原因造成的扰动
15）基因资源	3.生产服务	13）害虫调节	13）维持土壤肥力	13）基本流动和极端事件的调节
16）休闲娱乐	13）食物	14）授粉	14）授粉	14）生命周期维护、生境和基因库保护
17）文化	14）原料	3.文化服务	15）生物控制	15）病虫害控制
	15）基因资源	15）文化多元性	3.支持服务	16）土壤质量调节
	16）药材资源	16）精神与宗教价值	16）生命周期维持（尤其是繁殖地）、基因库保护	17）水环境状况
	17）景观资源	17）教育价值	4.文化服务	18）大气成分和环境状况
	4.信息服务	18）灵感	17）消遣与生态旅游	19）其他
	18）装饰	19）美学价值	18）文化、艺术和设计灵感	3.文化服务
	19）消遣与（生态）旅游	20）社会关系	19）精神体验	20）人类与自然环境的身心互动
	20）文化与艺术灵感	21）地方感	20）认知发展的信息	21）人类与自然环境在智慧和表达上的互动
	21）精神信息与具有历史意义的信息	22）文化遗产价值		22）人类与自然环境在精神、象征和其他方面的互动
	22）科教信息	23）消遣与生态旅游		23）具有非使用价值的其他生物特征
		4.支持服务		24）其他
		24）土壤形成		
		25）光合作用		

续表

Constanza 等（1997）	de Groot 等（2002）	MA（赵士洞等，2007）	TEEB（TEEB，2010）	CICES（European Environment Agency，2018）
		26）初级生产 27）养分循环 28）水循环		

生态系统服务价值分类是生态系统服务价值评估的基础（赵海兰，2015）。国外研究多认为生态系统服务价值包括使用价值和非使用价值（Barbier，1994；Miller et al.，1990），具体分类如图 1.1 所示。

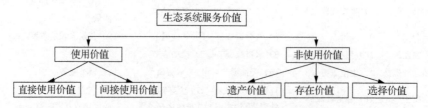

图 1.1　国外研究中生态系统服务价值分类

自 Constanza 等（1997）学者对世界生态系统服务价值与自然资产价值进行评估以来，生态系统服务价值评估研究得到了迅速而深入的发展。不同尺度、不同单一类型的生态系统服务价值评估成为研究热点，包括全球尺度（Gerner et al.，2018；Sutton et al.，2002）、国家尺度（Ingraham et al.，2008）、局地尺度（Gerner et al.，2018；Loomis et al .，2004），海洋（Hynes et al .，2018）、森林（Mamat et al.，2018）、湿地（Odgaard et al.，2017）、城市绿地（Almeida et al.，2017）等类型生态系统。此外，物种和生物多样性价值评估（Richardson et al.，2009；Pearce et al.，2001）与土地利用和土地覆盖变化（land-use and land-cover change，LUCC）的生态系统服务价值影响也引起该领域学者的关注。

2. 环境影响经济评价

1983 年，美国东西方中心环境和政策研究所环境经济学家 Maynard M. Hufschmidt 和 John A. Dixon 撰写了《环境、自然资源与开发：经济评价指南》《环境的经济评价方法：实例研究手册》等著作，首次较为系统地介绍了环境影响经济评价的理论和方法以及相关案例，并针对不同的案例提出了一些具体的评价指标（卢晓庆，2011）。

20 世纪 90 年代，环境影响经济评价进入应用性研究阶段，评价方法也出现多元化趋势。英国伦敦大学全球环境社会经济研究中心的 David Pearce 和 Kerry

Tnrner，围绕可持续发展和全球性环境问题，对环境经济问题进行了大量研究，在环境损益价值计量和实现代际公平的途径等方面进行了探索，并出版了一系列重要的著作，其中比较著名的有《自然资源与环境经济学》《绿色经济的蓝图》和《世界末日：经济学、环境和可持续发展》，重点介绍了环境经济分析理论和主要技术方法。1994 年，John A. Dixon 等著的《环境影响的经济分析》对 1988 年出版的《开发项目环境影响的经济分析》进行了修订，相对完整地阐述了环境影响经济评价的理论和方法，并对各种评价法的局限性进行了分析，在各类方法中均采用了一定的环境经济指标，如环境效费比、环境工程系数等对问题进行说明。经济合作与发展组织（Organization for Economic Co-operation and Development，OECD）发布的《环境项目和政策的经济评价指南》、亚洲开发银行 1996 年编著的《环境影响的经济评价：工作手册》和 1997 年编著的《项目经济分析导则》（*Guidelines for the Economic Analysis of Projects*），具体分析总结了环境影响经济评价方法的基本原理、优缺点、应用领域及其信息来源，并基于评价原理提出了衡量指标。世界银行也对建设项目中的环境影响评价与经济分析环节进行了总结（表 1.4），针对其中包含的项目及要素提出了价值评估方法（图 1.2）（The Word Bank，1999）。

表 1.4　建设项目周期中的环境影响评价与经济分析环节

阶段	环境影响评价环节	经济分析环节
准备阶段	环境要素筛查	初步考虑潜在环境费用和效益
	确定环境影响评价内容与范围	量化环境影响并进行货币化计算
	组建环境影响评价项目组	根据项目实际情况，项目组需包括资源经济学或健康经济学专家
	环境影响评价准备	分析项目替代方案可能造成的影响，并在可行的情况下使用此类影响的货币价值对费用和效益进行比较
	环境影响评价回顾	银行审查环境影响评价报告，包括经济分析相关内容
评价阶段	将环境影响评价纳入项目设计和文件编制过程	项目经济分析和经济收益率评估中，需纳入包括环境费用-效益相关内容在内的环境影响评价结果
谈判阶段	结合环境影响评价结果，商议项目实际操作中的相关事项，并达成共识	—
实施阶段	环境监督	监督项目的实际环境成本和效益

1.4.1.2　生态环境损害评估

国外生态环境损害评估通常以费用-效益分析为核心，其特征通过其涉及的评估概念而体现。"费用"有两个范围的理解，粗略的费用概念指的是与建设项目相关

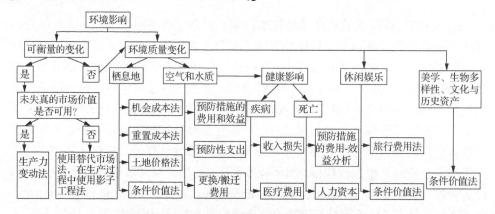

图 1.2 建设项目中各类要素的价值评估方法选择

的一切支出，详细的费用概念包括实施前准备阶段的财政支出、实施阶段的投资支出、实施后的反馈评估支出等。费用的数额通常可以直接获得，因此可以直接进行统计。"效益"按照承担主体不同，通常分为社会、环境、人体健康等类别，不同类别的效益还可细分。有些效益可以通过直接计算市场价值得到，这些效益在评估过程中可以直接计算得出；而有些效益无法直接计算，需要采取相应的量化方法进行评估分析，并最终折算为统一、可比较的数值。对一个建设项目效益的计算通常要考虑长期效益，建设项目运营期可能是几年甚至几十年，所以需要对项目在未来各年产生的效益进行核算，并折算为统一基准年的数值。

根据费用-效益分析的以上特征可以看出，费用-效益分析将一项工程的所有费用与其产生的总效益，进行数值上的直观对比，因此是评估一个建设项目的价值如何、建设项目是否值得开发的最直观、最有说服力的工具。

费用-效益分析最早出现在 19 世纪。美国政府将这种方法应用在政府的投资决策中，用于分析政府的资金投入和收益情况。1946 年，美国联邦机构流域委员会成立费用-效益分析小组委员会，协调联邦各部门费用-效益分析的具体工作。1950 年，该小组委员会发表报告《关于流域项目经济分析实践的建议》，为水资源开发的费用-效益分析奠定了理论基础。此后，费用-效益分析的应用范围不断扩大，在经济分析、规划建筑、轨道交通、教育医疗等领域发挥重要作用。

20 世纪 60 年代前后，费用-效益分析开始由经济领域进一步向其他领域扩展。1958 年，美国学者 Hammond 最早把费用-效益分析应用于污染控制研究，分析了水污染控制的费用和效益。此后，费用-效益分析在水、大气、自然资源保护等领域，以及公路运输、城市规划等方面得到了日益广泛的应用。

20 世纪 70 年代，经济学家利用费用-效益分析评估环境质量的改变所带来的危害和效益，由此该方法在环境领域的科学研究与实践中逐渐开展起来。

20 世纪 80 年代，费用-效益分析成为西方国家的环境管理工具，基于该方法的环境影响经济损益分析的理论研究也随之展开。1982 年 2 月，美国政府下发公文（EO12291，1981）要求对于所有联邦政府资助的重大管理和开发计划，只有在保证计划项目或方案实施后获得的综合效益大于成本时才能够付诸实施（张庆才，2015）。

1.4.2 国内环境影响经济损益分析研究进展

1.4.2.1 生态环境价值评估

1. 生态系统服务分类及价值评估

我国基于功能的生态系统服务分类主要建立在国外研究的基础之上，从陆地（傅伯杰等，2009；欧阳志云等，1999a）和森林（赵同谦等，2004）两类生态系统服务价值研究逐步扩展至海洋（李雪飞等，2018；陈尚等，2006）、流域（王壮壮等，2019）、湿地（张黎娜等，2014）、草地（白永飞等，2014）、城市（韩依纹等，2018）等生态系统。上述研究对于生态系统服务划分基本一致，多在 Constanza 等（1997）和 MA（赵士洞等，2007）等国外分类研究成果基础上进行定量研究。

在基于价值的生态系统服务分类方面，我国学者也基本认可国外分类成果（曾贤刚，2003；欧阳志云等，1999b），《中国生物多样性国情研究报告》中将生物多样性总经济价值划分为直接使用价值、间接使用价值、潜在使用价值和存在价值。

自 Constanza 等（1997）学者对世界生态系统服务与自然资产价值进行评估以来，生态系统服务价值评估研究得到了迅速而深入的发展，国内外研究阶段基本同步，国内研究热点主要围绕以下三个方面。

（1）不同尺度下生态系统服务价值评估，包括国家尺度（谢高地等，2015；崔向慧，2009；欧阳志云等，1999a）、区域或流域尺度（李俊梅等，2019；张瑜等，2018；刘军会等，2009）、省域尺度（赵永华等，2011；屈少科，2008）、市域尺度（唐秀美等，2016；喻建华等，2005）。

（2）单一类型生态系统服务价值评估，如海洋（石洪华等，2009；张朝晖等，2007）、森林（王兵等，2011）、湿地（杨青等，2018；许妍等，2010）、草地（高雅等，2014；于遵波，2005）等类型生态系统。

（3）土地利用和土地覆盖变化对生态系统服务价值的影响（徐煖银等，2019；刘世梁等，2014）。

国内外研究普遍认同并采用 MA 项目提出的生态系统服务分类。同时，我国生态系统服务价值评估方法日趋成熟，各类方法均明确了适用范围和存在的局限性，相关研究已从价值评估的方法设计阶段，转入针对具体方法的误差缩小与精度提升阶段。生态系统服务价值评估研究中，不同尺度下单一类型生态系统服务价值的研究相对成熟，特定区域内的复合生态系统服务价值研究较少。

2. 环境影响经济评价

我国环境影响经济评价研究起步相对较晚。1981 年，在江苏召开的全国首届环境经济学术讨论会对环境经济理论和方法进行了研讨。此后，一些重大环境保护研究课题中开展了对污染损失估算，但这些研究多局限于对区域或企业层面的研究，计量方法和价值分析方面仍处于探索阶段。

20 世纪 90 年代，金鉴明等（1994）进行"中国典型生态区生态破坏的经济损失"研究，环境污染损失计量范围有所扩展。该时期的研究主要偏向环境污染损失方面的估算，对效益探讨较少，且未形成较为成熟的研究方法。胡大锵（1996）介绍了建设项目环境经济损益的概念、目的，并重点介绍了将各种环境因子效益量化成货币形式的方法。过孝民等（1990）针对"六五"期间环境污染造成经济损失进行研究，首次将评价范围扩展到了全国。高晓蔚等（1999）总结了我国当时建设项目环境效益评价概况，并在此基础上提出了建立环境效益评价体系的总体思路和方法。

2000 年左右，我国环境影响经济评价的理论和方法研究取得一定突破，研究人员也逐步开展了对环境影响经济损益分析的相关研究。荀志远等（2005）对我国建设项目环境影响经济评价中所存在的经济分析方法难以选择、环境成本难以合理计量、计算期和贴现率难以合理确定等问题进行了分析，提出了建设项目环境影响经济评价中经济分析方法选择的原则，并建议建立环境成本数据库，这是我国首次提出建立环境影响经济损益相关数据库，亦可视为建立环境经济指标库的雏形。吴健（2012）围绕如何通过环境影响经济评价将环境价值纳入环境保护和经济发展的公共决策问题，对环境影响经济评价的理论和方法进行系统梳理，特别是系统梳理总结了美国、欧盟等发达地区的环境影响经济损益分析指标体系。

我国在具体的环境影响经济损益分析指标体系方面研究相对较少，已有研究均按照影响因子识别、指标选取、货币化计算等步骤构建指标体系。王超（1994）给出了水利项目环境影响经济损益分析应遵循环境资源有偿使用、生态阈限与补偿投资等原则，探讨了影响损益分析的定量和定性两个部分的评价方法、评价指标体系和评价准则，并列举了典型水利项目环境影响经济损益分析指标。何林（2011）分析了建设项目在建设及运营过程中的主要环境问题，围绕生态环境、声环境、大气环境、水环境、固体废物五类因子建立环境影响经济损益分析指标体系。訾晓杰（2005）提出了煤炭建设项目环境影响经济评价的程序及方法，包括环境价值评估方法、环境损失评估方法，在此基础上设计了评价的指标体系。周海林等（2015）以山西省某国道建设项目为例，结合已有环境影响经济价值研究成果，对公路建设项目中环境影响经济损益分析指标的选取及其货币化进行探讨，为完善公路建设项目的环境影响经济损益分析提供了参考。

综上所述，我国环境影响经济损益分析研究集中在理论与方法研究、环境影响经济损失分析、环境影响经济损益分析三方面，对环境影响经济损益分析指标体系的研究较为薄弱。

1.4.2.2　生态环境损害评估

1. 生态环境损害评估理论

国内关于"环境损害"的研究较多，而针对"生态损害""环境损害评估""生态损害评估"展开研究的文献相对较少。生态损害的研究主要集中在海洋生态损害的赔偿制度，环境损害评估研究大多提出环境损害评估的方法，生态损害评估的研究主要集中在海洋溢油生态损害评估方法。从文献检索结果来看，环境损害的研究目前仍集中关注损害的赔偿制度，而环境损害评估的研究大多从环境科学的角度展开。

对环境损害和环境损害评估概念的研究，以海洋溢油生态损害的研究为起点，目前文献集中研究环境损害赔偿。对环境损害概念的界定，张红振等（2013）将环境损害分为全社会损害，可量化的对人体健康、社会经济和资源环境的损害。徐祥民等（2015）总结学者界定环境损害概念的两个层面，一个层面是损害产生的方式和原因，另一个层面则是损害对象。目前，大多数学者都认同环境损害包括环境污染损害和生态损害两个方面。生态损害概念的界定目前还不成熟。初期生态损害的概念是在环境民事责任构成要件之一——"损害结果"中进行阐述。竺效（2006）认为生态环境的任何重大退化都可以称为生态损害。总的来看，多数学者认为生态损害是对生态系统的损害，其会导致生态系统的组成、结构或功能发生严重不利变化。王明远（2001）从资源环境损害救济途径定义环境损害评估制度。现有的文献对环境损害评估的概念界定研究还比较少，多研究环境污染损害评估和环境污染损害鉴定评估，忽略了生态破坏的环境评估。目前，许多学者正致力于研究建立环境损害评估的法律制度来保障环境损害评估公正、有序地进行。

在环境损害评估制度的具体内容方面，张红振等（2014）通过资料收集、调查问卷、座谈及实地调查等方式对国内外环境损害评估的实践情况有了较为清晰的认识，并总结了美国、日本、欧盟等在管理体制、机构的设立和资金保障方面的经验；总结认为我国目前关于追究环境责任的立法原则性规定过多，环境管理的职能分散于多个部门，评估的技术零散且常常存在评估与修复资金不足的情形，所以我国的环境损害评估需要在管理体制、评估机构和资金等方面加以完善。尽管这些学者也认识到需要利用法律对环境损害责任追究的各个要求加以完善，但是并未认识到法律是环境损害评估制度的应有形式，法律不仅需要对责任的认定进行规定，也需要对评估机构的确定、评估过程等问题加以明确。

此外，关于环境损害评估范围、评估方法的完善建议，曹东等（2012）认识到环境损害鉴定评估需要一整套从启动到鉴定意见和评估报告出具完成的评估工作流程，但其将这项活动的范围局限于与司法机关有关的活动中，缩小了完整评估过程的适用范围。於方等（2012）在广泛学习借鉴国内外环境污染损失评估技术的基础上，扩大环境损害事件损失的评估范围，期望将环境损害事件对自然资源与环境服务功能的损害纳入其中。目前尚未有学者对非人为因素造成的生态破坏的评估工作展开研究。总的来看，这些研究成果还有待完善之处。

目前我国关于环境损害评估制度的研究成果多为期刊文献，有很大一部分成果来源于环境风险与损害鉴定评估研究中心，从法律制度的角度阐述环境损害评估还不够系统。首先，环境损害评估制度包括环境污染损害评估、生态损害评估、环境损害鉴定评估等不同的表述和界定；其次，大多数学者忽视了制度的法律责任研究；最后，目前将环境损害评估制度的立法机构和立法内容相结合的研究较少。

根据环境损害造成的结果与影响范围，罗猛等（2002）提出可以将环境损害分为传统损害和资源环境损害两种类型。蒋倩文（2014）认为传统损害是污染事故对人的身体生命和财产物资等方面的威胁或伤害，以及对人们从事的生活、生产等各项活动的消极影响；资源环境损害是污染事故造成的一系列自然资源的枯竭以及环境质量的退化。不同类型的环境损害，其对应的评估方法也存在差异。王旭光（2016）在文中指出传统损害的评估通常采用市场价值法，即将传统损害作为商品，并根据市场情况调整价格。

2. 费用-效益分析

我国关于费用-效益分析的研究起步稍晚，但发展迅速。理论研究方面已经形成了较为完备的费用-效益分析原理体系概述，具有比较完善的费用-效益分析发展进程探究资料。20世纪80年代，美国编制亚太地区的环境影响经济评价指南，中国受邀参与了该指南的编制工作，这有效地推动了费用-效益分析在我国的发展进程。近年来，我国相继发布了关于在一些领域实施费用-效益分析等经济分析方法的政府性文件，如2016年7月6日，财政部印发《基本建设项目建设成本管理规定》，以期进一步加强基本建设成本核算管理，提高资金使用效益。

当前国内费用-效益分析理论基础较为完善，该领域学者通过分析国内外应用实践，不断吸取经验，持续寻求改进费用-效益分析方法，以推动该领域研究进展。陈建华（1989）对现代费用-效益分析进行了总结研究，为费用-效益分析具体计算方法提供理论依据。傅崇伦等（1997）对环境费用-效益分析进行研究概括，列举了费用-效益分析的主要指标及常用方法。李国斌等（2002）论述了费用-效益分析的理论基础是以社会净效益最大为准则，概括了费用-效益分析的应用结构框架，并对其常用方法进行阐述。陈刚（2016）对美国费用-效益分析的发展进程进行总结梳理，列举了美国实施费用-效益分析的案例，分析了该方法的不足及发展方向，并指出我国在当前社会经济发展条件下，应该积极吸收、借鉴他国先进经验，建立长效机制并开展试点研究，完善配套组织培训机制等。赵丹等（2016）论述了环境修复成本、效益的含义和计算方法，以污染场地的土壤修复为例进行了费用-效益实例分析，丰富了费用-效益分析在环境审计中的理论成果，为今后相关领域开展环境损害评估提供参考。董战峰等（2017）对美国、英国、欧盟实施费用-效益分析的组织机构、评估对象、评估标准、评估方法，以及数据、信息来源等方面进行了对比分析研究，表明建立费用-效益分析制度的重要性，以及在开展具体工作时，应明确责任主体，尊重不同部门、不同领域等的特征性差异，灵活修正方案；将费用和效益进行货币化，重视其量化分析，并将分析结果及时反馈运用到政策制定流程中；提高费用-效益分析数据的可获得性、尊重相关利益者的知情权利与参与权利。我国在环境政策的费用-效益分析领域，应该积极借鉴西方国家发展经验，尽快加强立法依据，制定实施方案与规章制度，保障信息采集共享，设立人员培训考核机构，建立优良的结果反馈机制。蓝艳等（2017）通过欧洲清洁空气项目、荷兰地表水管理等实例分析，总结出费用-效益分析在欧盟环境政策影响评价中应用范围、准确性、数据收集等方面的不足之处，提出我国应该及时构建相应的评估技术体系、建立分析制度，并开展环境政策的费用-效益分析试点研究工作。

第2章 环境影响经济损益分析理论与方法

2.1 生态环境价值评估理论与方法

2.1.1 生态环境价值评估理论

2.1.1.1 环境价值理论

在利用经济手段来管理环境的探索中，经济学家首先想到的就是为环境资源确定一个合理的价格，将其纳入现行的经济系统中，利用市场强大的调节力量来实现人类既发展经济、谋求福利，又保护好地球、实现代际的公平分配。这样，环境价值理论和评估技术就应运而生。

环境价值包括使用价值（use value，UV）和非使用价值（non-use value，NUV）两部分。其中使用价值包括直接使用价值和间接使用价值，非使用价值包括选择价值、遗传价值和存在价值。

2.1.1.2 生态系统服务价值理论

生态系统不仅为人类提供直接的生产和生活资料，还为人类提供许多间接的服务，其变化与人类福祉密切相关。近几十年来，人类活动急剧加强，对生态系统产生很大影响，资源分配、生态系统结构和功能出现严重问题，从而降低了生态系统服务价值，影响人类社会的可持续发展。因此生态系统服务价值评估日益受到学界关注。

20 世纪 70 年代，生态系统服务（ecosystem services）开始正式成为一个科学术语，大量研究认同生态系统服务价值的存在，20 世纪 90 年代形成了较为成熟的生态系统服务的概念，即"生态系统与生态过程所形成及所维持的人类赖以生存的自然环境条件与效用"。与此同时，对生态系统服务价值进行评估的研究也逐年增多，其中许多研究提出了生态系统服务价值评估的基本框架。在众多的评估和理论研究中，Costanza 的研究影响较大，他明确了生态系统功能与生态系统服务的内涵，强调了估价方法的选择应基于消费者对生态系统服务的"支付意愿"（willingness to pay，WTP），并形成较为完备的评估框架，为之后的工作奠定了基础。

国内生态系统服务价值评估研究始于 20 世纪 90 年代，与国外相比起步较晚，存在的差距表现在两方面：①生态系统服务的理论缺乏可靠的研究基础，对概念与方法的理解有误，评估结果的可靠性不高，存在自然资本价值和生态系统服务价值混淆等问题；②价值评估结果与现实环境经济政策和支付间存在矛盾。因此，系统探讨生态系统服务价值评估方法和框架，注重估价的经济学基础和利益相关者（stakeholders，指生态系统以外，受生态系统变化影响的任何相关者）分析，对增强生态系统服务价值评估的准确性和实用性具有重要意义。2005 年，由联合国发起的 MA 项目，是世界上首个针对全球陆地和水生生态系统开展的多尺度、综合性评估项目，其报告提出了评估生态系统与人类福祉之间相互关系的框架，并建立了多尺度、综合评估它们各个组分之间相互关系的方法。

2.1.1.3　生态补偿理论

全球生态环境问题已经引起世界各国的高度关注。工业革命以来，随着经济增长和技术进步，人类社会物质财富的创造能力达到了前所未有的高度。随着经济增长和消费水平的提高，人类对环境的不合理开发利用及破坏导致环境退化、资源耗竭和全球变暖，自然生态系统满目疮痍，人类进一步发展受到严重制约，赖以生存与发展的自然环境面临威胁。修复自然生态创伤，实施生态补偿是可持续发展的必然要求。改革开放以来，我国经济社会发展取得了举世瞩目的成就，但由于经济增长建立在高消耗、高污染的传统发展模式上，一些地区以牺牲环境为代价实现经济增长，使我国出现了比较严重的环境污染和生态破坏问题，资源利用、环境保护面临的压力越来越大。发达国家上百年工业化过程中分阶段出现的环境问题在我国已经集中出现。人们逐渐认识到，生态系统及其服务的可持续性是人类社会可持续发展的重要因素之一。

新时期，中国提出了构建和谐社会，开展资源节约型和环境友好型社会建设，开展生态补偿研究和实践活动是实现这一社会发展目标的重要支撑。生态补偿概念的提出、应用和发展，是多学科共同研究如何协调人与自然关系的产物。自然空间差异决定着不同地域的生态功能，不同地域的人类活动必须与其生态功能相适应，不适宜的人类活动需要予以调整。生态补偿实践中存在的补偿分类、分区、结构和数量以及机制问题，造成生态效益及相关的经济效益在保护者与受益者、破坏者与受害者之间的不公平分配，导致了受益者无偿占有生态效益，保护者得不到应有的经济激励；破坏者未能承担破坏生态的责任和恢复的成本，受害者得不到应有的经济赔偿。这种生态保护与经济利益关系的扭曲，不仅使生态保护与建设向更高层次的推进面临很大困难，而且也影响了地区之间以及利益相关者之间的和谐。

1. 生态补偿的概念

自从环境问题以及可持续发展思想提出以来，生态补偿就成为社会各界和专业研究人员关注的热点之一。虽然生态补偿的研究已经取得丰硕成果，但对于生态补偿的概念，国内外学术界仍没有统一。在对环境问题认识的过程中，随着人们对生态补偿认识的逐步深入，人们对生态补偿内涵的理解也在逐步完善和系统。生态补偿最早源于生态学理论，专指自然生态补偿，被定义为生物有机体、种群、群落或生态系统受到干扰时，所表现出来的缓和干扰、调节自身状态使生存得以维持的能力，或者可以看作生态负荷的还原能力。工业革命以来，人类活动随着空间的扩大和能力的增强，受生态环境约束日趋显现。人类主动参与生态系统的管理，使生态补偿进入有人类主导的生态管理领域，是人们保护生态环境和生态功能，确保一定区域内生态稳定的一种有效措施。20 世纪 90 年代以来，生态补偿被引入社会经济领域，作为开展生态环境保护的经济刺激手段。因为不同学科研究生态补偿出发点相异，侧重点不同，以及涉及的专业领域亦不相同，学科色彩明显，所以不同学科对生态补偿内涵的理解不同。例如，在经济学中，生态补偿指的是一种对生态环境受益者收费，受损者补偿的经济措施；而在生态学中，生态补偿指的是生态系统的自我还原功能。生态补偿是一项复杂的多学科工程，需要我们对它有一个全面认识。随着对生态补偿认识的全面和深入，各学科对生态补偿的理解有趋同的趋势。自然生态学、社会学和经济学对生态补偿的研究共同服务于一个目的——实现人与自然的和谐发展。

2. 生态补偿的理论基础

1）外部性理论

在现代社会开展生态环境问题管理，我们必然会涉及外部性问题。从经济学分析，通过对外部性问题的探讨，我们找到了一个解决生态环境问题的有效激励方法——生态补偿。所以，很多研究生态环境管理的学者会从外部性的角度对生态补偿加以定义，这也表现出外部性对生态补偿的重要性。经济学上的外部性问题，通俗地说，就是指由某种经济活动产生的、存在于市场机制之外的影响。当一种生产或消费活动对其他生产或消费活动产生不反映在市场价格中的间接效应时，外部性就凸显出来。经济活动除了在市场机制内部影响卖方和买方外，还可能会在市场机制外部影响一些利益相关者，导致利益相关者没有得到应有的补偿或付出相应的代价。

外部性（externality）理论是环境经济学和生态经济学的基础理论，是制定生态环境经济政策的重要理论依据。涉及生态环境的生产和消费过程产生的外部性，主要反映在两个方面：一是资源开发造成生态环境变化所形成的利益相关者成本，二是生态环境保护所产生的外部效益。由于这些成本或效益在市场机制下没有在生产或经营活动中得到很好的体现，破坏生态环境没有计入活动成本，保护生态环境产生的生态效益被无偿享用，使得生态环境保护领域难以达到帕累托最优。

2）公共产品理论

相关研究学者普遍认为，自然生态系统及其所提供的生态服务具有公共物品属性。非排他性（non-excludability）和消费上的非竞争性（non-rivalrousness）是公共物品的两个基本属性。由于公共物品存在这两个基本属性，如果由市场提供公共物品，在经济博弈规律下，没有人自愿掏钱去购买，大家等着他人去购买而自己顺便享用它所带来的利益，这就是经济学上的"搭便车"问题。"搭便车"问题会导致公共物品的供给不足，所有成员"搭便车"行为的最终结果是没人购买公共物品，进而没人能够享受公共物品。公共物品不等同于公共所有的资源，即共有资源。共有资源（common resources）是指有竞争性但无排他性的物品，在消费上具有竞争性，但无法有效地排他，如公共渔场、牧场等。共有资源容易产生"公地悲剧"（tragedy of the commons）问题，即如果一种资源无法有效地排他，必然会导致这种资源的过度使用，最终结果是全体成员的利益受损。生态环境具有的整体性、区域性和外部性等特征，表现出公共物品的基本属性，因此需要将其作为公共物品来开展有效的管理，重要的是强调公共物品的主体责任、公平的管理原则和公共支出的支持。生态环境保护须从公平性原则出发，强调区域之间、人与人之间享有平等的生态环境福利、享有平等的公共服务，生态补偿政策的制定必须考虑生态环境的公共物品属性。

3）生态资本理论

生态资本理论是将生态环境作为自然资本，从生态环境资本的价值尺度开展生态补偿研究。生态系统具有物质转换、能量流动和信息传递等功能，在生态循环过程中，生态系统为人类提供自然资源和生态服务，生态系统的服务功能对人类具有复杂而多样化的价值。生态资本理论研究生态补偿，涉及的主要内容如下。

（1）生态环境资本的具体范围。生态环境资本主要包括：能直接进入当前社会生产与再生产过程的自然资源，即自然资源总量（可更新的和不可更新的）；环境消纳、转化废物的能力，即环境的自净能力；自然资源及环境的质和量变化的能力，即生态潜力。生态系统的森林、草原、河流、湖泊和大气等各种生态因子为人类生命和社会经济活动提供所必需的环境资源。

（2）生态环境资本的稀缺性。生态环境资本的有限性与人类需求的无限性产生矛盾时，生态环境资本的"稀缺性"得以体现。随着人口的不断增长和延续，以及生态环境资本在空间上分布的不均衡，生态环境资本的稀缺性愈加明显。

（3）基于劳动价值论的生态资本观。人类改造自然的活动范围日益扩大，生态系统中人的活动已经成为其重要内容之一，纯粹的"天然的自然"已转换为"人工的自然"，生态环境资本也是衡量人们创造财富的要素之一。

（4）生态环境资本的社会属性和自然属性。生态环境资本具有生态环境效益价值，由于人的生产和生活活动带来经济效益而具有社会属性；同时生态环境资本自身又具有自然属性，即人们在开发利用生态环境资源时必须遵循生态环境规律才能获得最大收益。

（5）生态环境资本的总经济价值论。生态环境资本的总经济价值包括两部分：使用价值和非使用价值。其中，非使用价值又包括选择价值、遗传价值和存在价值。直接参与生产的部分是生态环境资本的使用价值，非使用价值是人们在开发利用生态环境时享受的整个生态系统平衡发展的福利。生态系统的整体性显得越发重要，体现在随着人类对生存环境质量的要求不断提高，生态环境资本的价值逐渐凸显出来。生态环境资本理论应用于生态补偿领域之后，人们彻底认识到只向自然索取，而不向自然投资的做法绝不可取。

2.1.2　生态环境价值评估方法

生态环境价值评估方法总体上包括直接市场价值法、揭示偏好法及效益转移法三类。

2.1.2.1　直接市场价值法

1. 生产率变动法

生产率变动法也称作观察市场价值法，是利用生产率的变动来评价环境状况变动的方法。该方法适用于衡量在市场上交易的资源使用价值，用资源的市场价格和数量信息来估算消费者剩余和生产者剩余。总的效益或损失是消费者和生产者剩余之和。

假设环境变化所带来的经济影响（E）体现在受影响产品的产量、价格和成本等方面，即净产值的变化上，生产率变动法可以用下面的公式表示：

$$E = \left(\sum_{i=1}^{k} p_i q_i - \sum_{j=1}^{k} c_j q_j \right)_x - \left(\sum_{i=1}^{k} p_i q_i - \sum_{j=1}^{k} c_j q_j \right)_y \qquad (2.1)$$

式中，p_i 为第 i 种产品的价格；c_j 为第 j 种产品的成本；q_i、q_j 分别为第 i 种、第 j 种产品的数量；共有 $i=1,2,\cdots,k$ 种产品和 $j=1,2,\cdots,k$ 种投入；环境变化前后的情况分别用下标 x、y 表示。

2. 剂量-反应法

剂量-反应法也称为生产率法或生产要素收入法，该方法将产出与生产要素（如土地、劳动力、资本、原材料）的不同投入水平联系起来，其适用条件有：

（1）环境变化直接导致销售的某种商品（或服务）的产量增加或减少，同时影响明确且能够观察或根据经验测试；

（2）市场功能完好，价格是经济价值的有效指标。

描述污染物剂量和健康反应关系的数学模型有很多，比如大气污染物浓度从一个水平上升到另一个更高水平的时候，对人体健康损害程度的增加可以用一个相对危险度来表示，即 $RR=p_1/p_0$，也可以用相对危险度概率比表示，即 $OR=[p_1(1-p_0)]/[p_0(1-p_1)]$，$p_0$ 和 p_1 分别表示大气污染物浓度增加前后人体健康受到影响的概率。

剂量-反应关系函数可以用下式概括：

$$E_i = POP \times m_i \times (e^{\beta_i(C-C_0)} - 1) \tag{2.2}$$

式中，E_i 为第 i 种健康终点的健康效应变化量，如超额患病数或死亡病例数；POP 为暴露人口数；m_i 为第 i 种健康终点的基线情况，如基线发病率或死亡率；β_i 为第 i 种健康终点健康风险变化与大气污染物浓度变化的关系系数，即剂量-反应关系系数；C 为所评估的大气污染物的基线浓度值；C_0 为评估所采用的参考基准浓度值。

大气污染与人群健康终点的联系从统计学角度来说多为"弱相关"，即 β_i 值一般较小，在此条件下，如果 C 与 C_0 的差值不是很大，公式（2.2）可以近似改写为线性公式：

$$E_i = POP \times m_i \times \beta_i \left(\sqrt{C} - \sqrt{C_0} \right) \tag{2.3}$$

在以相对危险度或者相对危险度概率比代替剂量-反应系数的研究中，β_i 可以通过下式转换得到：

$$\beta = \frac{\ln RR}{\Delta C} \quad \text{或} \quad \beta = \frac{\ln OR}{\Delta C} \tag{2.4}$$

式中，RR 为相对危险度；OR 为相对危险度的概率比；ΔC 为大气污染物浓度变化值，$\Delta C = C - C_0$。

3. 人力资本法和疾病成本法

人力资本法通过环境属性对劳动力数量和质量的影响来评估环境属性的价值。

疾病成本法通常用因疾病引起的收入损失或治疗费用来评估环境影响导致的疾病损失，包括疾病所消耗的时间与资源，计算公式为

$$I = \sum_{i=1}^{N} \left(L_i + M_i \right) \tag{2.5}$$

式中，I 为由于环境质量变化所导致的疾病损失；L_i 为第 i 类人由于生病不能工作所带来的平均工资损失；M_i 为第 i 类人的医疗费用（包括门诊费、医药费、治

疗费、检查费等）。

如果实际的医疗费用（比如药品和医生的工资）存在严重的价格扭曲现象，则需要通过影子工程等方法进行调整。

由污染引起的过早死亡的成本常用人力资本法计算，这种方法用收入的损失去估计过早死亡的成本。根据金欢（2015）的研究，如果一个人在正常情况下可以活 T_0 年，但是由于污染只活了 T 年，那么此人所损失的劳动力价值（L_T）可描述为

$$L_T = \sum_{t=T}^{T_0} Y_t P_T^t \left(1+r\right)^{-(t-T)} \tag{2.6}$$

式中，Y_t 为预期个人在第 t 年内所得到的总收入扣除他拥有的非人力资本的收入；P_T^t 为个人从第 T 年活到第 t 年的概率；r 为预计到第 t 年有效的社会贴现率。该方法假设活着就有能力和机会工作。

2.1.2.2 揭示偏好法

1. 享乐价格法

享乐价格法又称作内涵资产定价法，是根据人们为享受优质环境所支付的价格来推算环境质量价值的一种估价方法。该方法将所享受的产品由于环境不同所产生的差价作为环境差别的价值。享乐价格法越来越多地被应用于空气质量恶化对财产价值的影响。享乐价格法的出发点是某一财产的价值包含了它所处环境的质量价值。如果人们为某一地方与其他地方相同的房屋和土地支付更高的价格，在其他各种可能造成价格差别的非环境因素都加以考虑后，剩余的造成价格差别的因素可以归结为环境因素。

居民的消费对象是住宅所能提供的住宅服务，因此住宅的价格成为住宅特征向量的一个函数，即 $P = P\left(Z_1, Z_2, \cdots, Z_k\right)$，$P$ 表示住宅价格，$Z_1, Z_2, \cdots, Z_k$ 表示住宅的 k 种特征，这个函数被称为享乐价格函数。享乐价格函数的形式有线性、平方、指数、对数、半对数及 BOX-COX 转换，在选择函数形式时，必须进行统计检验。如果固定享乐价格函数中除了第 i 种住宅特征以外还有 $k-1$ 种住宅特征，则第 i 种住宅特征 Z_i 的偏导数如下：

$$P_{Z_i}\left(Z_i, Z_{-i}\right) = \frac{\partial P}{\partial Z_i}, \quad i = 1, 2, 3, \cdots, k \tag{2.7}$$

式中，$P_{Z_i}\left(Z_i, Z_{-i}\right)$ 为第 i 种住宅特征 Z_i 所提供的住宅服务的边际价格，即第 i 种单位住宅服务的价格。如果将住宅的享乐价格函数用一个多元线性回归方程来表示，那么对应的享乐价格函数为

$$P = \beta_0 + \beta_1 Z_1 + \beta_2 Z_2 + \cdots + \beta_k Z_k + \varepsilon \qquad (2.8)$$

式中，$\beta_0, \beta_1, \cdots, \beta_k$ 为 $k+1$ 个待估计的参数；ε 为随机误差项，表示除了所列 k 种住宅特征以外的各种因素对住宅价格的影响。显然，对用多元线性回归方程表示的享乐价格函数而言，第 i 种住宅特征 Z_i 所提供的住宅服务的边际价格：

$$P_{Z_i}(Z_i, Z_{-i}) = \frac{\partial P}{\partial Z_i} = \beta_i, \quad i = 1, 2, 3, \cdots, k \qquad (2.9)$$

2. 避免损害成本法

避免损害成本指个人为减轻损害或防止环境退化引起的效用损失而需要为市场商品或服务支付的金额。避免损害成本法可用于评估净化的空气和水等非市场商品的价值，公式如下：

$$L_a = \sum_{i=1}^{n} C_i \qquad (2.10)$$

式中，L_a 为采取防护措施前的经济损失；C_i 为采取第 i 项防护措施所需的费用。

3. 虚拟治理成本法

虚拟治理成本是按照现行的技术和水平治理排放到环境中的污染物所需要的支出。虚拟治理成本法适用于生态环境损害无法通过恢复工程完全恢复，恢复成本远远大于收益或缺乏生态环境损害恢复评价指标的情形。

虚拟治理成本计算公式如下：

虚拟治理成本＝污染物排放量×污染物的单位治理成本

虚拟治理成本法的具体计算方法见《突发环境事件应急处置阶段污染损害评估技术规范》。

2.1.2.3　效益转移法

效益转移法基于消费者剩余理论，是一种非市场资源价值评估方法。如果市场资源价值不受时间、空间和费用等条件限制，可用此方法进行评估。效益转移法的适用条件如下：

（1）对参照区的要求。参照区的范围和规模，如人口规模，应满足评估要求。

（2）对评估区和参照区相关性的要求。评估区的环境资源的质量（数量）及其变化与参照区的环境资源质量（数量）及其预期变化应相似。

一些学者对效益转移法进行了分类研究，将效益转移法分为两大类，即数值转移（value transfer）法和函数转移（function transfer）法。其中数值转移法是较为简单的方法，直接将初始研究中的主要统计数据运用于政策区域。函数转移法主要有两种：需求函数转移（demand function transfer）法和基于 Meta 分析的效用函数转移（Meta-analysis benefit transfer）法（赵玲等，2013）。

需求函数转移法是用一个或几个研究地的需求函数来估计政策区域的资源经济价值。基于 Meta 分析的效用函数的因变量是实证研究文献中通过条件价值法、旅行费用法等评估出来的资源价值量，通常是单位最大支付意愿或消费者剩余。函数的自变量包括已有文献中研究区域的地理特征、资源属性、评价方法、消费者人口统计特征等变量。

2.2　生态环境损害评估理论与方法

2.2.1　生态环境损害评估理论

2.2.1.1　环境损害理论

一般认为，环境损害包括环境私益损害和环境公益损害两部分，西方国家分别称为传统损害（traditional damage）和资源环境损害（environmental damage）。日本学者将环境污染导致的损害分为舒适性问题和公害问题两大类，并给出了金字塔型的层级关系（宫本宪一，2004）。然而，当环境损害评估的实际目的、对象不同时，所关注的环境损害对象、程度和范围往往有较大差别。因此，本书尝试基于实际面临问题及需求对环境损害进行概念区分。从最宽泛的角度看，环境损害可以概括为任何人类活动对生态环境和社会经济体系造成的负面影响，这种负面影响的一部分可能在现有科学技术水平下能够被感知和量化，另一部分虽然实际上发生了，但由于没有对社会经济、人群健康或生态环境造成可察觉的损伤，所以还不能被人类清晰认识。广义的环境损害可定义为任何自然环境系统扰动所造成的社会可感知和量化的损害，既包括可以明确量化的健康、财产、社会经济和资源环境损害，也包括对整个人类社会和自然生态系统的隐性损伤。中义的环境损害可定义为由环境污染物排放或其他人类活动导致环境参数变化所造成的现行相关法律所主张的、可量化的对人体健康、社会经济和资源环境的损害，包括公益损害和私益损害两部分。狭义的环境损害可定义为由人类不当活动导致的对资源环境本身的损害，不考虑对人身健康、财产等的损害。广义的环境损害一般在统计环境污染导致的社会经济损失中使用，如绿色 GDP 核算、重大环境事件损失分析。中义的环境损害一般用于对污染者的责任追究、损失求偿。狭义的环境损害往往只是针对污染行为对资源环境本身损失的量化，在环境公益诉讼中使用。基于实际开展的环境损害评估和赔偿实践活动，环境损害可以分为人身健康损害、社会经济损害和生态环境损害三大类。其中，人身健康损害又可以划分为显性健康损害、隐性健康损害、未来预期健康损害和精神损害等；社会经济损害可划分为直接经济损失、间接经济损失和社会影响损失等；生态环境损害为资源环境价值损失，从基于恢复的角度可分为污染清理和修复费用、生态环境恢复和资源环境服务损失等部分。

2.2.1.2　费用-效益分析理论

经济学原理的产生均以一定的假设为前提。费用-效益分析作为经济学分析方法，同样离不开以经济学假设作为理论分析的基础。

1. 生态系统服务或环境质量供给的社会净效益原理

根据经济学的供求原理，任何稀缺的产品都存在需求曲线和供给曲线（图 2.1），并在两条曲线交点处需求和供给达到均衡状态，这时社会获得的净效益为生产者剩余和消费者剩余之和（李云燕等，2016）。生产者剩余指生产者从该产品生产中获得的福利大小，用产品价格与生产者实际耗费的成本差额表示。消费者剩余指消费者从该产品中获得的福利大小，用消费者愿意对该产品支付的价格与实际支付的价格之差来表示。当生态系统服务或环境质量作为一种稀缺资源并赋予市场价值时，它们就像是一般商品一样具有供求曲线并存在均衡，这时该资源在市场上配置所产生的社会净效益便是该资源产品的生产者剩余与消费者剩余之和。该原理可总结为：人们愿意为产品或服务支付的价格可以用来衡量人们的满足程度和经济福利水平。对于生态系统服务或环境质量产品，人们愿意为生态系统服务或环境质量支付的价格可用来衡量人们的满足程度和该生态系统服务或环境质量的价值。

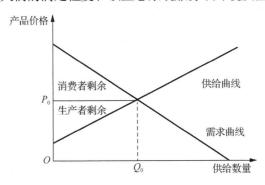

图 2.1　需求供给曲线

2. 生态系统服务或环境质量供给的经济有效性原理

在一定区域和时间范围内，生态系统服务或环境质量的供给很大程度上与污

染物削减量有关。污染物削减量越大，生态状况与环境质量相应提高，所提供的
生态系统服务或环境质量的数量就越多，因此生态系统服务或环境质量的数量就
等于削减一定量污染物留下的生态系统服务或环境质量的数量。在生态系统服务
或环境质量需求供给曲线图中，以污染物去除量代替横坐标的供给数量，以去除
一定量污染物带来的社会费用或效益代替纵坐标的产品价格，便可以得到去除一
定量污染物的社会总费用曲线和社会总效益曲线（图 2.2）。去除污染物的费用随
着污染物去除量的增加而增加，污染物去除量越多，费用增加得越快；去除污染
物得到的效益随着污染物去除量的增加而增加，污染物去除量越多，效益增加得
越慢。

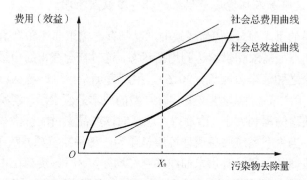

图 2.2　去除一定量污染物的社会总费用曲线和社会总效益曲线

　　由社会总费用曲线和社会总效益曲线可以得到去除一定量污染物的边际去除
费用曲线和边际去除效益曲线，边际去除费用随着污染物去除量的增加而增加，
边际去除效益随着污染物去除量的增加而减少（图 2.3）。

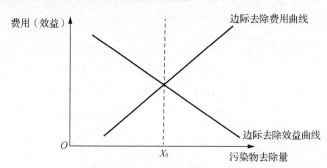

图 2.3　去除一定量污染物的边际去除费用曲线和边际去除效益曲线

　　污染物去除量为 X_0 时的社会净效益等于 X_0 对应的社会总效益减去社会总费
用，社会净效益在 X_0 点取得最大值。由于污染物去除量为 X_0 时对应的社会净效

益最大，所以此时的污染物去除量即为污染物去除最优水平。由此可见，提供生态系统服务或环境质量要做到经济上可行，并不是数量越多越好，而是以社会净效益最大为准则来决定生态系统服务或环境质量的供给数量。该原理可总结为：当社会净效益，即社会总效益与社会总费用之差最大时，该产品的供给在经济上最有效。对于应用于环境产品的供给，生态系统服务或环境质量的社会净效益，即生态系统服务或环境质量的社会总效益与社会总费用之差最大时，生态系统服务或环境质量的提供水平或污染控制水平在经济上最有效。

3. 费用-效益分析的福利经济学原理

费用-效益分析以福利经济学理论为基础。正如上文所述，人们对消费产品愿意支付的价格可以用来衡量人们的满足程度和经济福利水平，这是对个体而言。当我们研究区域性或者群体行为时，该产品的提供带来的社会效益应该如何衡量呢？福利经济学假设一定区域内的群体对某产品提供的总需求和总支付意愿是多个个人的需求和支付意愿的叠加，即以个人货币量的累加值度量社会福利的大小。对生态系统服务或环境质量的供给来说，生态系统服务或环境质量变化所带来的社会效益价值是该生态系统服务或环境质量变化对所有个人所产生的货币价值量的累加。一言以蔽之，生态系统服务或环境质量供给的社会福利是整个社会所有个人福利的总和，即个人货币值的累加。

4. 生态系统服务或环境质量供给的帕累托最优

帕累托最优是经济学中关于资源配置的理论，该理论认为在资源配置过程中，一个人得到好处而不使其他人受到损失时的分配是最有效率的分配。根据这个理论，社会资源利用率在社会净效益最大时达到最高。然而，资源配置过程中，有人受益就必然有人受到损失。因此有人提出，对受损者进行补偿后，受益者仍然比过去好，那么这种补偿对社会就是有益的，该原则被称为希克斯-卡尔多补偿原则，也是帕累托最优的改进准则。生态系统服务或环境质量在配置过程中也存在帕累托最优：生态系统服务或环境质量分配过程中的社会净效益最大时，生态系统服务或环境质量的配置最有效。在配置过程中，当既有人受益也有人受损时，该配置可通过对受损者进行补偿来改进，从而提高资源利用效率。资源环境损失的补偿可以是实际补偿也可以是虚拟补偿，例如河水受到工厂排放废水的污染时，居民的健康受到损害，工厂对居民疾病产生的各项损失做的补偿就是实际补偿；为保护某个自然生态保护区而拒绝周围居民对其进行开发，这时通过调查统计得出的居民放弃对其进行开发而愿意接受的补偿价格就是虚拟补偿。

2.2.2　生态环境损害评估方法

费用-效益分析是环境经济学中最基本的分析方法。该方法以新古典经济理论为基础，以寻求最大社会经济福利为目的，其目标是改善资源分配的经济效果，追求最大的社会经济效益。

费用-效益分析的主要对象是公共工程项目。不同于一般的生产性项目，公共工程项目不以项目自身的盈利为主要目的，而是通过为社会服务增加社会效益。费用-效益分析也不同于一般的财务分析，不是考察整个项目的私人成本与收益，而是评价项目对整个社会福利水平的影响，反映整个社会资源供给与配置的价格。

在进行计算时，首先识别项目的费用和效益，然后根据一定的贴现率对费用和效益进行贴现，最后计算评价指标并对项目进行评价。

首先对项目的费用和效益进行识别。从社会整体角度出发，费用-效益分析不但要考虑直接费用和效益，还要考虑间接费用和效益。如铁路修建工程，除考虑建设、运营成本之外，工程为当地旅游业等带来的收益也要纳入考虑范围，在此基础上考虑项目的环境影响。

其次对费用和效益进行贴现。将发生在未来的费用和效益转换成现值，一般性公式为

$$PV = \frac{F_n}{(1+r)^n}$$

式中，F_n 为发生在未来 n 年的费用（或效益）；r 为社会贴现率；PV 为费用（或效益）的现值。

最后对贴现后的费用和效益进行评价，评价指标主要包括经济净现值（ENPV）、经济内部收益率（EIRR）、经济净现值率（ENPVR）等。

将费用-效益分析应用于资源环境领域中的过程称为环境费用-效益分析，它是从多方面来评价某项对环境造成影响的活动的综合效益的一种方法。环境费用-效益分析具有一定的独特性，体现在环境属于公共产品，而人们对环境商品的消费却并未支付与其价值相等的货币。

综上所述，环境费用-效益分析的特点可以概括为以下几点：内容广泛性、时空异质性、动态变化性。

1.　内容广泛性

环境费用-效益分析具有内容广泛性的特点，主要体现为方法的普遍适用性和评估框架及要素的多样性。一方面，环境费用-效益分析通过量化或货币化的手段对人类活动或管理决策造成的环境影响或资源损失进行定量化评价，将众多复杂

问题归一化，因此普遍适用于解决各种环境问题。另一方面，由于研究对象、研究尺度、研究方法的多样性，环境影响的交互性、传递性和时空动态变化性等，环境费用-效益分析评估框架内各要素复杂多样。目前，我国尚未形成统一的环境费用-效益分析评估框架。如何划定完整、系统的评估框架，避免遗漏和重复计算是环境费用-效益分析的核心问题。但评价主体不同的价值取向或利益导向，评价模型不同的理论基础或模型表现，都会造成环境费用-效益分析结果的差异性。环境费用-效益分析评估框架的多样性和变化性也导致不同研究人员、研究部门难以形成统一的意见，给推广、对接、比较、排序工作带来困难。

2. 时空异质性

时空异质性是环境费用-效益分析领域一个重要的问题，包括空间异质性和时间异质性。从空间尺度考虑，我国地域广阔，各地区文化背景、发展阶段不同，区域差异性显著。随着研究尺度的逐步扩大，空间维度上的异质性逐步扩大。从时间尺度考虑，气象要素的周期性变化、经济活动的波动上升、大尺度的气候变化等因素都将影响评估结果。

此外，不同利益主体对于长期利益和短期利益具有不同偏好，由此也将引发评估框架或评估标准基于偏好发生变化。我国以五年作为政策执行效果总体评估的重要时间跨度，但由于影响因素的快速变化性和不确定性，短期效应的估算具有较大难度，因此提高短期尺度上政策执行效果评估的确定性，对于我国环境管理发展具有重要意义。

在我国的环境管理中，对时空异质性问题经常采用归一化的处理方法，这是产生不公平问题的关键原因。从学术研究、实际操作的角度来看，生态补偿是解决不公平问题的典型手段。但合理划定补偿范围，科学选取补偿对象与手段，都需要更多环境费用-效益分析等方法的系统研究与政治手段的介入。此外，伴随着区域联防联控思想的不断深入，在多部门合作的前提下处理时空异质性问题成为当今研究的热点。

3. 动态变化性

环境费用-效益分析还具有动态变化性的特点。动态变化是一个多尺度的过程，可以看作多种因素干扰的结果。影响环境费用-效益分析动态变化的因素主要包括约束条件的变化性、时空分布的变化性以及不确定性。

首先，在现实条件的制约下，如环境目标、经济效率因素和非经济效率因素等约束，特定政策往往无法发挥出最大效益。其中，非经济效率因素一般包括政策可操作性、可接受性、灵活性、公益性、公众的风险接受度等，是影响政策在现实世界中执行效果的最重要的因素，却往往最难以被量化。随着我国环境标准的逐步严格、经济水平的显著提高、公众对于环境问题认识的日益深化等，环境费用-效益分析的约束条件正经历着快速的变化，因此也造成了环境费用-效益分析评估框架和最优解的动态变化。

其次，受时空异质性、约束条件动态变化性的影响，环境费用-效益分析具有时空动态变化性的特点。环境费用-效益分析的关键问题之一是如何通过全方位的环境费用-效益评估，实现对环境政策的时空动态调整优化。环境政策的成本和效益在不同时间尺度、不同时间节点、不同空间尺度、不同地区具有差距，存在特异的函数关系组合。环境政策在实施过程中，应根据现实条件灵活、动态地调整优化，通过费用-效益分析确定调整的时间节点和空间节点，使环境政策适用于不同时间段和不同空间尺度区域，同时对优化后的环境政策实施新的费用-效益分析，从而形成良性的动态反馈机制，确保环境政策的时效性和先进性。

此外，在环境费用-效益分析的各个环节中，影响识别、参数设置、影响评价等方面存在潜在的不确定性，造成了费用和效益分析的不确定性。在解决实际问题时，对评估结果的不确定性描述不可忽略，同时也应通过对参数的系统调研、模型优化，尽量控制不确定性在可接受的范围内，最终在特定环境目标的约束下，实现利益最大化和现实可操作性的最佳平衡。不确定性的引入和控制也使环境费用-效益分析结果处于动态变化中。

第 3 章　环境影响经济损益分析技术流程与指标筛选

　　建立系统规范的指标体系是高效开展环境影响经济损益分析的关键环节，通过建立环境影响经济损益分析指标体系，可将经济学理论中价值评估原理和技术方法融入环境影响经济评价中，运用更为科学的手段评价缺乏市场价格的生态环境影响，从而提高环境影响评价的有效性。但目前针对建设项目与开发规划的环境影响经济损益分析尚未形成专门的技术规范，且缺乏可操作的指标体系，直接影响环境影响评价质量，并间接影响建设项目的环境审批决策。遵照以环境质量改善为核心的环境管理工作要求，本书提出应重点围绕水、大气、土壤、声及生态等环境要素，针对建设项目与开发规划全生命周期的生态和环境影响进行经济损失和收益分析，从经济价值评估角度将分析指标划分为质量型、功能型、健康型、安全型四大类，以此构建环境影响经济损益分析指标体系，为合理确定开发建设的环境成本、重要生态功能区及其他生态环境保护目标的生态补偿、修复方案提供价值量化的依据，这对提高环境影响评价的质量和实用性有着至关重要的意义。

3.1　环境影响经济损益分析技术流程

3.1.1　一般技术流程

　　环境影响经济损益分析一般技术流程结合指标体系中主干指标与行业特征指标，以及生态类与非生态类要素，充分考虑实际工作中的可操作性，如图 3.1 所示。各地环保税税额如表 3.1 所示。

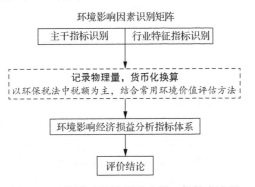

图 3.1　环境影响经济损益分析一般技术流程

表 3.1 各地环保税税额

序号	省（自治区、直辖市）	应税大气污染物适用税额标准	应税水污染物适用税额标准
1	北京市	12 元	14 元
2	上海市	2018 年：二氧化硫 6.65 元，氮氧化物 7.6 元，其他 1.2 元 2019 年：二氧化硫 7.6 元，氮氧化物 8.55 元	2018 年：化学需氧量 5 元，氨氮 4.8 元，第一类水污染物 1.4 元，其他 1.4 元
3	天津市	二氧化硫 6 元，氮氧化物 8 元，烟尘 6 元，一般性粉尘 6 元，其他 1.2 元	化学需氧量 7.5 元，氨氮 7.5 元，其他 1.4 元
4	重庆市	3.5 元	3 元
5	河北省	一档：9.6 元 二档：4 元 三档：4.8 元	一档：11.2 元 二档：7 元 三档：5.6 元
6	河南省	4.8 元	5.6 元
7	山东省	二氧化硫、氮氧化物 6 元，其他 1.2 元	常规排放源排放的化学需氧量、氨氮和五项主要重金属污染物 3 元，其他 1.4 元
8	山西省	1.8 元	2.1 元
9	黑龙江省	1.8 元	2.1 元
10	吉林省	1.2 元	1.4 元
11	辽宁省	1.2 元	1.4 元
12	浙江省	四类重金属污染物 18 元，其他 1.4 元	五项主要重金属污染物 1.8 元，其他 1.4 元
13	江苏省	标准：4.8 元 南京：8.4 元	标准：5.6 元 南京：8.4 元
14	江西省	1.2 元	1.4 元
15	安徽省	1.2 元	1.4 元
16	福建省	1.2 元	五项主要重金属污染物、化学需氧量和氨氮 1.5 元，其他 1.4 元
17	广东省	1.8 元	2.8 元
18	云南省	2018 年：1.2 元 2019 年：2.8 元	2018 年：1.4 元 2019 年：3.5 元
19	四川省	3.9 元	2.8 元
20	湖南省	2.4 元	3 元
21	湖北省	二氧化硫、氮氧化物 2.4 元，其他 1.2 元	化学需氧量、氨氮、总磷和五项主要重金属污染物 2.8 元，其他 1.4 元
22	贵州省	2.4 元	2.8 元

续表

序号	省（自治区、直辖市）	应税大气污染物适用税额标准	应税水污染物适用税额标准
23	山西省	1.8 元	2.1 元
24	甘肃省	1.2 元	1.4 元
25	青海省	1.2 元	1.4 元
26	海南省	2.4 元	2.8 元
27	广西壮族自治区	1.8 元	2.8 元
28	宁夏回族自治区	1.2 元	1.4 元
29	新疆维吾尔自治区	1.2 元	1.4 元
30	内蒙古自治区	2018 年：1.2 元 2019 年：1.8 元 2020 年：2.4 元	2018 年：1.4 元 2019 年：2.1 元 2020 年：2.8 元
31	西藏自治区	1.2 元	1.4 元

注：表中的税额指每污染当量的税额

1. 识别环境影响因素

系统梳理针对具体项目的环境影响因素，并记录各类影响因素的物理量。

2. 货币化换算

主要生态环境要素货币化换算依据如下。

（1）水环境、大气环境、声环境及固体废物相关指标货币化换算以《中华人民共和国环境保护税法》中规定的税目税额为主要换算依据（表 3.1）。根据项目选址实际情况，当地排污权交易价格可作为辅助换算依据。

（2）土壤环境指标货币化换算采用重置成本法，常用污染场地修复技术及成本见表 3.2。

（3）林地和草地面积变化、地面塌陷面积变化等生态类指标货币化换算，建议参考项目选址所在地的征地补偿标准。

（4）某些行业的特征指标，可参照附录中常见的环境价值评估方法进行换算。

表 3.2　常用污染场地修复技术及成本

序号	技术名称	适用污染物	费用/(美元/t)	修复周期/月
1	挖掘填埋	所有污染物	250	<3
2	客土法	所有污染物	20~50	<3
3	土壤气提/生物通风	挥发性有机物（volatile organic compounds, VOCs）、多环芳烃	80~230	6~12

续表

序号	技术名称	适用污染物	费用/(美元/t)	修复周期/月
4	土壤淋洗	多环芳烃、多氯联苯、重金属、二噁英	55～165	<12
5	植物修复	重金属、多环芳烃、多氯联苯、无机物	<20	>12
6	微生物修复	VOCs、多环芳烃	50～140	6～24
7	化学萃取	重金属、多环芳烃、多氯联苯、农药、二噁英	65～300	<6
8	化学氧化还原	VOCs、多环芳烃、多氯联苯、农药、二噁英	150～450	<6
9	低温热脱附	VOCs、多环芳烃、多氯联苯、农药、二噁英、苯	<150	6～12
10	高温热脱附	VOCs、多环芳烃、多氯联苯、农药、二噁英、苯	150～450	<6
11	固化/稳定化	重金属、多环芳烃、多氯联苯、农药、二噁英、无机物	70～200	<6
12	玻璃固化	重金属、多氯联苯、农药、二噁英	770	<5

3. 建立环境影响经济损益分析指标体系

环境影响经济损益分析指标体系基于环境影响识别与货币化换算结果建立。其中，指标的正向变化（有利影响）以"+"表示，负向变化（不利影响）以"-"表示。

4. 评价结论

根据指标体系进行灵敏度分析，其中局部灵敏度分析指对一个或几个损益评价因子进行的分析，全局灵敏度分析指对损益评价的最终损益值进行讨论。根据灵敏度分析的结果，对分析过程的相关参数进行适当调整，确保评价结果的准确度与适应性，从而得出环境影响经济损益分析的评价结论。

3.1.2 环境影响因素识别

3.1.2.1 环境影响因素的识别原则

建立环境影响经济损益分析指标体系，是为了环境影响经济损益分析的结果能够全面、客观地反映项目对生态环境影响的货币价值，以此来揭示拟议中项目的真实生态环境成本、优选开发建设方案和环境保护措施，因此在筛选识别环境影响因素时应遵循以下原则。

1. 科学有效

环境影响经济损益分析指标体系应紧紧围绕反映项目真实生态环境损益，以及货币量化项目对生态环境影响的目标来设计，并由具有代表性、具体性、可获得性、可操作性的各级环境影响因素构成。指标体系中单项指标概念的内涵和外延及其与整体指标体系的关系应该明确，因此所选取的环境影响因素在设置为指标后应能够反映一定的经济环境问题，并在一定层面上表现出行业或区域尺度的特征，而且能在一定程度上有效说明所属环境影响类别的具体特点。由于指标体系中各级指标要包括可能导致环境影响的各个因素并使其成为一个有逻辑的系统，在选取各级指标及构建具体、完整的指标体系时，应运用系统论的相关性原理分析不同指标间的相互联系与作用，使不同影响方面的环境影响因素形成阶层性的功能群，各层次之间具有一定的统一性且不同层次之间相互适应、协调。上层指标对下层指标起综合导向作用，下层指标具体反映上层指标的细节，同级指标之间具有差异性。构建环境影响经济损益分析指标体系不仅要注重各环境影响因素的内在联系，而且要注重针对评价对象构建指标体系的整体功能和目标。只有坚持科学有效原则，获取的信息才具有真实性和客观性，基于该指标体系的评价结果才具有可靠性。

2. 灵敏易得

项目中一个或多个不确定因素的变化，作用于指标时应体现出一定的变化幅度。因此所选择的环境影响因素应能够在一定程度上体现该因素变化对项目可行性的影响程度。在建立指标体系时，还需考虑利用该指标体系进行环境影响经济损益分析的可实行性，选择能够直接获取的环境影响因素指标，或者能够根据基础资料和历史资料通过类比归纳、逻辑分析等方法计算推导，进而进行相对准确量化的指标。此外，由于规划开发的实施和建设项目的完成是一个动态变化、不断发展的过程，因此制定的环境影响经济损益分析指标体系应能满足不同阶段的评价需求，且评价过程中获得的量化指标应具有一定的稳定性。

3. 规范可对比

环境影响是多方面的，在各单项影响评价的基础上，需要一个综合的评价结果以利于比较分析。环境影响经济损益分析指标体系以货币为统一的计量单位，给出了总的环境影响的方向和程度，是一个便于理解、易于接受的综合指标体系。指标体系设置和评价目的在于综合评估项目的建设运营可能造成的环境损失，进而评价项目环保投资的合理性。因而，环境影响因素在转化为指标后应体现与国家相应标准相一致的政策引导性，以规范管理部门项目决策的依据和思路。环境影响评价在不同时段应具有纵向可对比性，因此筛选得到的环境影响因素在一定时间内应能够保持相对稳定以反映时段变化特征。同样地，对于类似项目，所筛选的环境影响因素应具有横向可对比性，使其所建立的指标体系具有通用性。

4. 重点突出、全面兼顾

环境影响因素识别应抓住重点因素，适当综合一般因素。主观效用价值论认为，一个对象的效用和稀缺性相结合形成了其价值。环境是人类社会发展的基础，因而明显是有效用的；随着人类活动规模的扩大与强度的增大，对环境资源的需求不断增加，可供利用的环境资源数量日益减少，有的甚至达到危机程度，因而环境具有稀缺性，由此可以得出环境的价值属性。环境的社会有效性和相对稀缺性是其两个基本属性。全面考虑环境影响经济损益的影响因素，应以环境的价值属性为基本原理，将环境影响导致价值变动的诸多因素囊括在环境影响经济损益分析指标体系中。在筛选主要因素前，尽可能全面地考虑可能对项目范围内经济价值变动造成影响的所有环境影响因素，从一般推及具体，使所建立的指标体系能够充分反映评价范围内环境影响经济损益的现实原因及潜在可能，科学指导相关策略的制定。

3.1.2.2 环境影响因素范围界定

环境影响因素的筛选须明确筛选的范围，确保选择的环境影响因素基于同一尺度标准，准确选择评价因子，从而对项目在各时期产生的环境影响做出正确评价。环境影响经济损益分析范围的界定可以《建设项目环境影响评价技术导则　总纲》（HJ 2.1—2016）中对环境影响经济损益分析的相关要求为基准。

需要注意的是，在建设项目的环境影响评价中，与财务分析不同，财务评价是在国家现行财税制度和价格体系的前提下，从建设项目的角度出发，计算建设项目范围内的财务效益和费用，分析建设项目的盈利能力和清偿能力，评价建设项目在财务上的可行性；国民经济评价是在合理配置社会资源的前提下，从国家经济整体利益的角度出发，计算建设项目对国民经济的贡献，分析建设项目的经济效率、效果和对社会的影响，评价建设项目在宏观经济上的合理性。其中，国民经济评价基本上对应于费用-效益分析。环境影响评价中的环境影响经济损益分析侧重于分析建设项目造成环境影响的经济价值。建设项目的环保投资类费用（诸如项目的环境工程建设费用、环保设备运营维护费用等）与收益已在建设项目财务分析中进行核算，不属于环境影响经济损益分析范畴，因此不进行重复计算。

如图 3.2 所示，环境影响经济损益分析范围有多种界定方式。

要素界定选取大气、水、土壤、声及生态五大要素，分析项目环境影响经济损益特点。由于环境影响是多方面的，因此要对环境效益进行评价，首先需要明确项目对哪些要素产生影响。大气、水、土壤、声及生态五大要素的分类是环境科学学科及环境影响评价项目中具有普遍性的分类方式。为确保项目环境影响评价的合理性、准确性及科学性，必须确定和列出项目所有实际的和潜在的环境影响因素及受影响的要素，并进行筛选，以决定其中最重要的影响。项目的实施与发展不仅影响各要素质量，且对生产、生活整体环境产生或暂时或长期的影响。按要素分析开发规划和建设项目等的环境影响经济损益分析界定范围是必要且科学的。大气要素应考虑人体健康影响的经济损失、农业经济损失及清洗费用的增加等；水要素应考虑水（地表水、地下水）污染引起的城市供水成本的增加、农业经济的损失及景观损失等；土壤要素应考虑固体废物因不具有流动性大量侵占土地引起的经济损失、其他原因造成的土壤耕作能力下降或丧失的损失，以及因项目开展获得的省地效益等；声要素应考虑建设或运营期噪声对人体健康、正常生活与工作等带来的影响及造成的损失；生态要素主要指因项目占地（耕地、林地等）或造成水土流失等产生的生态价值损失等。项目的可行性研究可以依照环境影响经济损益分析指标体系进行项目的环境效益评价，以其评价结果衡量项目的环境效益，并与项目的经济评价结合，决定项目是否可行。

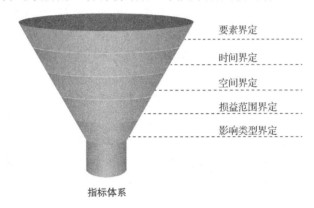

要素界定
时间界定
空间界定
损益范围界定
影响类型界定

指标体系

图 3.2　环境影响经济损益分析范围界定方式

时间界定重点关注建设期、运营期及退役期内建设项目对生态环境造成的影响。不同阶段的环境影响具有不同特点，要想较为全面地分析建设项目实施后的环境影响，还需要体现阶段性与行业性两方面特征。结合生命周期评价（life cycle assessment，LCA）理论，环境影响经济损益分析应对建设期、运营期、退役期的环境影响分别进行测算。

空间界定以项目建设区域（如厂界、煤炭开采点等）为中心，根据各要素影响的范围设定空间界限。环境影响经济损益分析中项目对生态环境影响的空间界定，常以工程建设的位置为基础进行划分。此外，环境影响经济损益分析中环境空间信息分辨率也影响着分析结果的正确性与可靠性，环境影响主导因素的环境空间信息分辨率越高越好，而非主导因素的环境空间信息分辨率高低对结果影响较小。建立指标体系应提前结合项目区域工程分布和自然地理区域条件综合统筹考虑。

损益范围界定重点关注项目建设实施全过程造成的生态环境损害和受评项目自身所产生的生态环境价值收益。《建设项目环境影响评价技术导则　总纲》（HJ 2.1—2016）要求："对建设项目的环境影响后果（包括直接和间接影响、不利和有利影响）进行货币化经济损益核算，估算建设项目环境影响的经济价值。"项目实施中不当操作和不合理设计固然将导致区域生态环境的消极变化，产生经济价值损失，但项目中有利于生态环境的工程和措施也可能产生一定的积极区域生态环境影响，使项目同时获得经济效益和环境效益。在环境影响经济损益分析指标体系构建中，应同时考虑环境影响造成的损失和效益，才能真实体现项目造成的环境影响，体现环境影响经济损益分析的目的和原则。

影响类型界定按照生态类及非生态类，从环境污染与生态破坏两方面总结项目环境影响，进行经济损益分析。环境损害实际上是一种人为造成的不良环境状态的表现，按照影响类型划分为生态类和非生态类，按环境法理学理论相关学术看法可从广义上分为环境污染和生态破坏两个方面。一般认为，环境污染指的是人类活动向环境排入了超过环境自净能力的物质或能量，从而使环境的物理、化学、生物学性质发生变化，产生不利于人类及其他生物的正常生存和发展的影响的一种现象；生态破坏指的是人类不合理地开发利用自然环境，过量地向环境索取物质和能源，使自然环境的恢复和增殖能力受到破坏的现象。有学者认为，两者界限的区分可采用"输入-输出"判别标准，环境污染是项目建设过程向区域生态环境输入有害或过量废弃物，造成负面环境影响的过程；生态破坏则是从区域生态环境输出过量资源以至于超出区域生态环境承载能力或自净能力的过程。但"输入-输出"判别标准仍存在一定的灰色地带，项目实施过程导致的生物入侵就无法用"输入-输出"标准判别，如互花米草被我国作为港口建设造地的重要引进物种，但过量繁殖导致的生物入侵严重危害了部分港口区域的生态环境。从影响类型界定环境影响经济损益分析范围，有利于在环境影响经济损益分析的基础上进一步开展决策和恢复工作。

3.1.2.3 环境影响因素的识别结果

环境影响主干因素可通过分析项目可能产生的生态环境影响，按要素确定。环境影响主干因素在指标体系中进一步转化成主干指标，主要指通用于各类项目的生态环境影响因素，反映环境经济基本特点。如表3.3所示，指标的选取过程，应以环境质量为核心，全面考虑水、大气、土壤、声、生态五类要素在建设期、运营期、退役期产生的主要环境影响，与《大气污染防治行动计划》《水污染防治行动计划》

《土壤污染防治行动计划》《建设项目环境影响评价技术导则　总纲》（HJ 2.1—2016）等相关要求紧密联系，参考水、土壤、空气等环境质量标准。

表 3.3　环境影响经济损益分析主干指标及依据

要素	指标	依据
水	化学需氧量（chemical oxygen demand，COD）、五日生化需氧量（BOD_5）、氨氮（NH_3-N）、总磷、氟化物、重金属类、氰化物、挥发酚、石油类	《水污染防治行动计划》要求对 COD、氨氮、总磷、重金属及其他影响人体健康的污染物采取针对性措施，加大整治力度； 《地表水环境质量标准》（GB 3838—2002）基本项目包括 COD、BOD_5、氨氮、总磷、总氮、氟化物、重金属类（汞、镉、铅等）、氰化物、挥发酚、石油类等； 《污水综合排放标准》（GB 8978—1996）中污染物包括 COD、BOD_5、重金属类（总汞、总镉、总铬、六价铬、总镍等）、硫化物、氰化物、氟化物、挥发酚、石油类等； 相关行业水污染物排放标准及案例
大气	SO_2、CO、NO_x、$PM_{2.5}$、PM_{10}、总悬浮颗粒物（total suspended particulate，TSP）、臭氧、烟粉尘	《大气污染防治行动计划》要求将 SO_2、NO_x、烟粉尘和挥发性有机物排放符合总量控制要求作为建设项目环境影响评价审批的前提条件； 《环境空气质量标准》（GB 3095—2012）基本项目包括 SO_2、NO_x、NO、PM_{10}、$PM_{2.5}$、TSP 等； 《大气污染物综合排放标准》（GB 16297—1996）中污染物包括 SO_2、NO_x、氯化物、氟化物等； 相关行业大气污染物排放标准及案例
土壤	危险废物、冶炼渣、粉煤灰、炉渣、其他固体废物（含半固态、液态废物）、土壤污染物种类、被污染土壤质量	《土壤污染防治行动计划》要求加强工业废物处理处置，全面整治煤矸石、粉煤灰、赤泥、冶炼渣、电石渣、铬渣、砷渣等固体废物的堆存场所，重点监测土壤中镉、汞、砷、铅、铬等重金属和多环芳烃、石油烃等有机污染物（在行业特征指标中体现本要求）； 《中华人民共和国环境保护税法》中"环境保护税税目税额表"中固体废物相关税目及对应税额； 相关文献及案例
声	超标 1～3dB、超标 4～6dB、超标 7～9dB、超标 13～15dB、超标 16dB 以上	《声环境质量标准》（GB 3096—2008）中各声环境功能区噪声限值； 《中华人民共和国环境保护税法》中"环境保护税税目税额表"中噪声超标等级及对应税额
生态	占用林地面积、占用草地面积、占用耕地面积	《绿色发展指标体系》（发改环资〔2016〕2635 号）中"环境质量"与"生态保护"部分； 《"十三五"生态环境保护规划》（国发〔2016〕65 号）主要指标

由于不同建设项目所属的行业类别不同，造成的生态环境影响特点不同。行业特征环境影响因素可通过提炼能够体现重点行业环境影响特点的环境影响因素，在环境影响主干因素的基础上进行识别。行业特征指标以重点行业特征污染物、典型生态破坏方式为依据，以实际工作中的可操作性为原则，结合环境影响评价相关工作部门意见进行筛选，确保评价指标的针对性和准确性。

3.2 环境影响经济损益分析指标分类筛选

在搭建指标体系整体架构前，应按照不同的指标类别，将环境影响因素转化为相应指标，构建指标体系主体部分。环境影响经济损益分析指标可划分为质量型、功能型、健康型、安全型四大类，各类指标中既包含正效应指标也包含负效应指标。

3.2.1 质量型指标

维护与提升环境质量是环境影响评价工作的重点，环境影响经济损益分析指标体系构建应充分考虑单个建设项目或整体规划中多个建设项目综合作用对环境质量产生的影响。质量型指标以识别出的环境影响因素为基础，结合环境影响评价工作中开展质量评估涉及的环境要素，按照水环境、大气环境、土壤环境、声环境等梳理归纳。

水环境影响指标的选择主要参照《水污染防治行动计划》《地表水环境质量标准》（GB 3838—2002）、《污水综合排放标准》（GB 8978—1996），以及相关行业水污染物排放标准和案例，关注 COD、BOD_5、氨氮（NH_3-N）、总磷、氟化物、重金属类、氰化物、挥发酚、石油类等污染物的排放浓度及处理排放浓度。

大气环境影响指标的选择主要参照《大气污染防治行动计划》《环境空气质量标准》（GB 3095—2012）、《大气污染物综合排放标准》（GB 16297—1996），以及相关行业大气污染物排放标准和案例，考虑常规性大气污染物 SO_2、CO、NO_x、$PM_{2.5}$、PM_{10}、TSP、臭氧、烟粉尘及 VOCs 排放量及处理排放量。

土壤环境影响指标的选择主要参照《土壤污染防治行动计划》和《中华人民共和国环境保护税法》中税目税额表，以及相关文献和案例，结合土壤环境质量调查的结果，考虑危险废物、冶炼渣、粉煤灰、炉渣、其他固体废物（含半固态、液态废物）等导致土壤污染的质量。

声环境影响指标的选择主要参照《声环境质量标准》（GB 3096—2008）与《中华人民共和国环境保护税法》，根据超标的分贝数等级设置具体指标。

3.2.2 功能型指标

生态功能，即生态系统服务，是指生态系统在维持生命的物质循环和能量转换过程中，为人类提供的惠益。我国生态系统服务一般分为供给服务、调节服务、文化服务和支持服务四大类。供给服务是指生态系统生产或提供产品的功能，如提供食物、水、原始材料等；调节服务是指调节人类生态环境的功能，如减缓干旱和洪涝灾害、调节气候、净化空气、缓冲干扰、控制有害生物等；文化服务是指人们通过精神感受、知识获取、主观印象、休闲娱乐和美学体验从生态系统中获得的非物质利益；支持服务是指保证其他所有生态系统服务提供所必需的基础功能，如维持地球生命生存环境的养分循环、更新与维持土壤肥力、产生与维持生物多样性等。基于生态功能的生态评价也是项目的重要内容。项目开发建设环节通常会涉及土地占用、地表植被的破坏，不同的地理区域可能还存在水土流失、沙化与盐碱化等生态隐患。因此，环境影响经济损益分析指标体系应包含表征生态功能损失与收益的指标，即功能型指标。指标设计可结合识别出的生态环境影响因素，参照《绿色发展指标体系》（发改环资〔2016〕2635 号）中"环境质量"与"生态保护"部分及《"十三五"生态环境保护规划》（国发〔2016〕65 号）中主要指标，设计占用林地、草地、耕地面积等作为功能型指标。

3.2.3　健康型指标

　　建设项目环境影响评价、区域环境影响评价和规划环境影响评价均需要鉴定、预测和评估拟建项目对于一定范围内特定人群的健康影响，结合现有的毒理学与流行病学资料，进行危害鉴定，确定化学物质所致健康危害的特性，并通过剂量-反应关系及暴露水平的分析，确定空气、水、土壤环境中有害物质的浓度、暴露途径及受其影响的人群。因此，环境影响经济损益分析指标体系应设置能充分反映项目对人群健康的影响特征，或可换算成能间接反映人群健康的指标。结合《暴露参数调查技术规范》（HJ 877—2017）、《环境污染物人群暴露评估技术指南》（HJ 875—2017）和相关文献及案例等，日均暴露量、致病率、致癌/非致癌效应参数等可作为健康型指标。

3.2.4　安全型指标

　　建设期和运营期可能会发生突发性事故或排放有毒有害污染物，因此在环境影响评价中需要评估突发性事故等对环境（或健康）的危害程度，分析和预测项目存在的潜在危险、有害因素。因此，环境影响经济损益分析的指标设置应能够对有毒有害和易燃易爆等物质泄漏，以及所造成环境影响损害的经济价值进行反映。

3.3　环境影响经济损益分析指标体系架构

　　通过综合考虑资源环境成本、环境影响的损失与收益，以及对不利环境影响的各类减缓措施等方面进行指标归纳，本节从主干指标、行业特征指标及阶段划分三方面设计指标体系的整体架构（图 3.3）。主干指标主要体现项目对各类生态环境要素的影响，结合四大指标类型进行指标的设计与填充。行业特征指标根据开展环境影响评价的具体行业类别，关注具有行业特征性的环境影响，如果主干指标不能概括地体现行业特点，可适当补充主干指标，或者单独列出行业特征指标，如表 3.4 和表 3.5 所示。在阶段划分层面，建设项目环境影响经济损益分析主要考虑建设期、运营期以及退役期三个时期的影响，构建指标体系。开发规划环境影响经济损益分析则主要以规划中的建设项目为基本单位，梳理整合规划现期已存在的生态环境影响，以及环境影响评价中预测的中远期环境影响，构建指标体系。

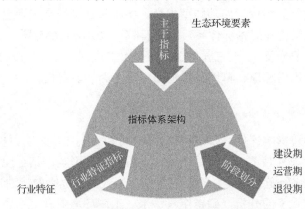

图 3.3　环境影响经济损益分析指标体系架构设计示意图

表 3.4　环境影响经济损益分析主干指标（示例）

类型		指标	来源
质量型	水环境	COD、BOD₅、氨氮（NH₃-N）、总磷、氟化物、重金属类、氰化物、挥发酚、石油类浓度	《水污染防治行动计划》《地表水环境质量标准》（GB 3838—2002）、《污水综合排放标准》（GB 8978—1996），相关行业水污染物排放标准及案例
	大气环境	SO₂、CO、NOₓ、PM₂.₅、PM₁₀、TSP、臭氧、烟粉尘浓度	《大气污染防治行动计划》《环境空气质量标准》（GB 3095—2012）、《大气污染物综合排放标准》（GB 16297—1996），相关行业大气污染物排放标准及案例
	土壤环境	冶炼渣、粉煤灰、炉渣等产生量、土壤重金属及有机物产生量被污染土壤质量	《土壤污染防治行动计划》，《中华人民共和国环境保护税法》中"环境保护税税目税额表"，相关文献及案例
	声环境	超标分贝（1~3dB、4~6dB、7~9dB、13~15dB、16dB 及以上）	《声环境质量标准》（GB 3096—2008），《中华人民共和国环境保护税法》中"环境保护税税目税额表"中噪声超标等级及对应税额
功能型		占用林地面积 占用草地面积 占用耕地面积	《绿色发展指标体系》（发改环资〔2016〕2635 号）、《"十三五"生态环境保护规划》（国发〔2016〕65 号）
健康型		日均暴露量 致病率 致癌/非致癌效应参数	《暴露参数调查技术规范》（HJ 877—2017）、《人体健康水质基准制定技术指南》（HJ 837—2017）、《环境污染物人群暴露评估技术指南》（HJ 875—2017），相关文献及案例

续表

类型	指标	来源
安全型	环境风险物质占比 环境风险控制水平 环境风险受体敏感性 环境风险等级	《企业环境风险分级方法（征求意见稿）》（环办函〔2015〕1456 号）， 相关文献及案例

表 3.5　环境影响经济损益分析行业特征指标（以煤炭开采项目为例）

影响 时期	煤炭						
	功能型	质量型				健康型	安全型
		水环境	大气环境	土壤环境	声环境		
建设期	—	—	—	掘进矸石(t)	噪声(dB)	—	—
运营期	地面塌陷 (m²)	废水中污 染物(t)： 铁、锰	废气中污染 物(t)：CH₄	固体废物(t)： 煤矸石、露天 矿剥离物	噪声(dB)	项目污染病亡损 失；项目污染造成 劳动价值损失	煤泥(t)
退役期	—	—	—	—	—	土地复垦	—

　　本书通过塑造由主干指标与行业特征指标构成的"指标树"（图 3.4），围绕功能型、质量型、健康型、安全型四类指标，关注环境影响评价不同阶段的主要环境影响，构建环境影响经济损益分析指标体系。

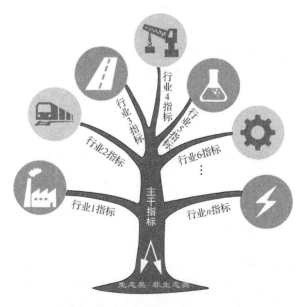

图 3.4　环境影响经济损益分析指标树

第4章 环境影响经济损益分析在区域矿山开发生态环境损害评估中的应用

矿产资源是人类赖以生存的重要物质基础，开发利用矿产资源对人类社会的进步起到了巨大的推动作用。随着社会经济发展和人口数量增加，人类对矿产资源的需求也日益增长，人类在开发利用矿产资源的过程中，不可避免地对环境产生各种各样的破坏性影响，这种影响是长期而复杂的。山西省矿产资源丰富，截至 2015 年底，共发现 100 余种矿产（以亚种计），其中查明资源储量的矿产 60 余种，矿产地 1450 余处。全省煤炭查明保有资源储量超过 2000 亿 t，全省含煤面积大于 5 万 km²，超过全省总面积的 30%。2001~2015 年，采矿业占工业增加值比重由 29.26%上升至 50.61%，成为工业中的重要支柱。其中，凸显主要资源优势的煤炭开采和洗选业所占比重由 28.11%上升至 47.55%。

作为煤炭生产和输出大省，山西省长期大规模、高强度的矿产资源开发，造成了矿山生态环境的严重破坏甚至生态失衡，生态环境问题十分突出。2016 年 6 月，山西省人民政府发布了《山西省采煤沉陷区综合治理工作方案（2016—2018 年）》（晋政发〔2016〕31 号），明确提出开展全省矿山生态环境详细调查、完善生态环境恢复治理补偿机制和制度、完成矿山生态恢复试点示范工作等要求。

基于上述背景，本章以山西省矿山开发为例，开展矿山生态环境经济损失量及生态环境损害破坏调查与评估，直观表达山西省矿山开发所付出的成本，为政府决策提供有效的依据，从而寻求矿产资源开发中生态环境和经济、社会发展的可持续发展之路。

4.1 矿山开发生态环境损害核算

4.1.1 矿山开发生态环境影响分析

4.1.1.1 矿山开发环境污染分析

矿山环境问题是伴随矿山开发活动和矿山地质环境变化而产生的，其形成很大程度上起因于人类活动，其严重程度取决于矿山开发活动的强度与频度。矿山开发引起的环境问题主要有大气、水、固体废物等方面的污染。

1. 大气污染

矿山开发引起的大气污染主要来源于煤矸石自燃产生的废气、沙漠化导致的扬尘、井下粉尘、锅炉产生的 SO_2 和 NO_x 等。一方面，SO_2 和 NO_x 形成酸雾、酸露或酸雨，影响矿区周边农作物的产量和种植物的生存；另一方面，废气中的 SO_2、烟尘和工业粉尘等污染物，对人类呼吸器官产生极为有害的影响，尤其是长期从事采掘和粉尘工业的工人，容易得尘肺病。

2. 水污染

众多矿山企业沿河道建立，矿区水资源的污染主要来自矿山开采、选矿及尾矿库等排放的矿井废水，以及矿区工人生活产生的生活废水。矿井废水除含有大量的煤泥、泥沙和漂浮物外，还含有大量的硫酸盐、铁、COD、汞等污染物，特别是金矿的尾矿水，氰化物含量严重超标，如果不进行处理或处理不当而直接排入河道，将严重污染水资源。实际上，部分矿山企业环境污染治理设施不达标或未正常运行，矿井废水及生活废水往往直接排入环境，对水体造成严重污染。

3. 固体废物污染

矿山开发过程产生的固体废物主要包括煤矸石、废石（渣）、剥离废弃物、煤泥、粉煤灰、尾矿、生活垃圾等。煤矸石是煤炭生产过程中产生的固体废物，其中一部分是采煤时煤层顶、底板和夹石层中产生的煤矸石，一部分是巷道掘进时产生的煤矸石及洗选厂排出的洗矸。煤矸石在堆放时容易自燃，燃烧时也会产生大量污染物。废石是矿山开发中所产生的无工业价值的矿体围岩和夹石的统称。对坑采矿来说，废石是坑道掘进和采场爆破开采时所分离出而不能作为矿石利用的岩石；对露天矿来说，废石是剥离下来的矿床表面的围岩或夹石。尾矿是指矿石选别出精矿后剩余的固体废料，通常作为固体废料堆置于尾矿库中。这些固体废物不仅因堆积而占用土地或农田，而且经风化作用及雨水淋溶、浸泡和冲刷，会对大气、土壤、水体等造成二次污染。

此外，矿山固体废物堆存也容易诱发次生地质灾害，诸如排土场滑坡、泥石流、尾矿库溃坝等，威胁着广大人民群众的生命财产安全。如 2008 年，山西省临汾市襄汾县新塔矿业有限公司尾矿库发生特别重大溃坝事故，造成 277 人死亡、4 人失踪、33 人受伤，直接经济损失达 9619.2 万元。

4.1.1.2　矿山开发生态破坏分析

1.　水资源影响

矿山开发对水资源的影响主要表现为：开采中人为地疏干排水和自然地疏干排水，导致地下水位的下降。特别是煤矿开采对水资源破坏严重，井下排水使蓄水层和隔水层遭到破坏，损害了采煤区的水平衡系统，大量地下水渗漏减少了地表径流，致使地下水位下降。

2.　地质灾害

矿山的地下开采使地应力失去平衡，严重的会引发地质灾害，如地面塌陷、沉降、崩塌、滑坡、井下突水、矿山地震等。对于已存在地质灾害的区域，由于受井下采动、地表变形、地表倾斜和地表沉陷影响，地质灾害的强度和频率很有可能增加。

3.　土地侵占及破坏

土地资源是人类赖以生存和发展的基础，矿山开发都不可避免地需要占用一定的土地来修筑道路、建设工业场地以及必需的生活设施，以保障矿山开发的顺利进行，因此对地表植被也会造成严重破坏。同时，矿山开采一般分为井工开采和露天开采，不同的开采方式对土地资源的影响也不一样。井工开采以土地塌陷、矸石山占压土地等影响为主，露天开采以开采场挖掘、外排土场占压土地等影响为主。

4.　水土流失

在矿山建设和资源开采过程中，剥除矿体表层土壤直接破坏了地表植被，加之新产生的废石、废渣、尾矿等松散废弃物占用土地，减小了地面植被的覆盖率。植被覆盖率的减小改变了地表径流和地表的糙度，使土壤抗蚀指数降低，加速和扩大了自然因素引起的土壤破坏和岩石侵蚀，加剧了水土流失和土地沙化、干化。岩石破碎区、排土场、开采区、尾矿库、工业场地等地的水土流失范围一般较大。水土流失会导致下游河湖淤积、土壤营养元素损失，进而造成土地功能衰退。我国矿山开发由于初期没有采取及时有效的水土保持防护措施，并且开采技术不先进，从矿山的开采和矿物的加工到矿石的运输环节都会造成水土流失，严重破坏了自然生态环境。

4.1.2　生态环境损害核算步骤

生态环境损害核算通常分为三个阶段,依次是环境状况的确定、生态环境损害引起的实物型损失计量、生态环境损害引起的实物型损失货币化。这三个阶段分别有三类变量与其对应,即环境状况变量、生态环境损害引起的实物型损失变量、生态环境损害引起的实物型损失货币化变量。生态环境损害核算步骤如下。

1.　环境状况的确定

环境状况的确定包括了对环境污染和生态破坏的确定。环境污染通常采用污染物的浓度变化来表示。按照国家规定的标准,浓度超标就定义为产生了污染,其严重程度与浓度的高低呈正相关关系。生态破坏用积累破坏量来表示,因为除了某时段新增的生态破坏会引起经济损失外,以前遗留的生态破坏也会继续引起经济损失。换句话说,环境污染通常以国家颁布的环境质量标准为依据来测定;而生态破坏可以通过两种不同的方法来确定,一是以某一年的生态状况为"基准",二是以某项经济活动的生态状况为"基准"。本章主要采用第一种方法来确定生态破坏。

2.　生态环境损害引起的实物型损失计量

生态环境损害引起的实物型损失分为两类,一类是显性损失,另一类是隐性损失。显性损失包括急性实物型损失和慢性实物型损失;隐性损失是指尚未完全确认的实物型损失。一般来讲,显性损失是必须计量的,隐性损失是否纳入计量取决于对它的认知程度,认知程度高的损失则纳入计量。

3.　生态环境损害引起的实物型损失货币化

生态环境损害引起的实物型损失货币化指通过不同的价值评估技术对生态环境损害造成的物理损失进行货币估值。由于所采用的评估方法和损失性质之间存在着差异,因此不同类型的损失,计量方法和误差也均存在着差异。一般而言,市场价格计算产生的误差远比意愿价值估算产生的误差小。与此同时,由于实物型损失本身的复杂性,其转化为货币量的过程也产生了不小争论,根本问题在于某些实物型损失不存在市场价格,且由于国家、地区以及社会发展阶段的不同,对生态环境损害带来的实物型损失的认识存在极大的差异。发展中国家大多将环境影响经济损失估计较低,发达国家则刚好相反。

4.1.3 山西省矿山开发生态环境损害核算指标体系

本节根据山西省矿山开发生态环境损害特点，提出一套山西省矿山开发生态环境损害核算指标体系（图 4.1），主要包括生态环境损害实物量核算和生态环境损害价值量核算。生态环境损害实物量核算由环境污染实物量核算和生态破坏实物量核算组成。生态环境损害价值量核算包括环境污染损失核算和生态破坏损失核算。其中，环境污染损失核算包括大气污染、水污染、固体废物污染损失核算，核算方法主要采用人力资本法、恢复费用法、影子工程法及防护费用法等；生态破坏损失核算包括水环境生态系统损失核算和土地生态系统损失核算，核算方法主要采用市场价值法、机会成本法、恢复费用法以及影子工程法等。

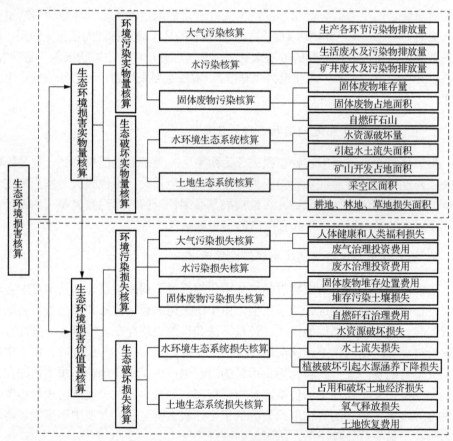

图 4.1　山西省矿山开发生态环境损害核算指标体系

4.1.4　山西省矿山开发生态环境损害价值量核算方法

4.1.4.1　环境污染损失核算

1. 大气污染损失核算

1）人体健康和人类福利损失

大气污染对人体健康的危害主要表现为呼吸道疾病患病率和死亡率的增加。受研究区域数据可得性限制，本章无法构建大气污染物与呼吸道疾病的剂量-反应关系模型，因而通过污染区（主要指矿区、工业区）与清洁区的对比，反映大气污染导致的居民患病情况。该方法的前提假设是污染区与清洁区除所考虑的污染因子的浓度不同外，其他因素均相同。依据各种疾病与大气污染的密切程度，结合实地调研与访谈结果，人体健康损失主要选取慢性支气管炎、肺心病、肺气肿、尘肺病的发病和肺癌引起的死亡所造成的损失，采用人力资本法计算。

人类福利损失主要根据大气污染物排放导致能见度下降和公共设施材料的损害进行评估。核算方法主要采取亚洲开发银行编著的《环境影响的经济评价：工作手册》提供的方法。该手册统计 SO_2、NO_x 和 PM_{10} 造成的损失价值分别为 $751\sim1300$ 美元/t、$1000\sim2000$ 美元/t 和 $3000\sim5000$ 美元/t。价值高限适用于高密度人口地区或大气扩散条件差的地区。

2）废气治理投资费用

矿山开发过程产生的主要大气污染物为烟粉尘、SO_2、NO_x。本章选用恢复费用法，估算大气污染后恢复为原来状态所需支付的治理投资费用，计算公式如下：

$$EC_i = I_{SO_2} \times Q_{SO_2} + I_{烟粉尘} \times Q_{烟粉尘} + I_{NO_x} \times Q_{NO_x} \tag{4.1}$$

式中，EC_i 为矿山开发大气污染损失价值，单位为元/年；I_{SO_2}、$I_{烟粉尘}$、I_{NO_x} 分别为 SO_2、烟粉尘、NO_x 的治理成本，单位为元/当量，参考 2010 年环境保护部和国家统计局的测算结果，大气污染物的环境治理成本为 4.6 元/当量；Q_{SO_2}、$Q_{烟粉尘}$、Q_{NO_x} 分别为 SO_2、烟粉尘、NO_x 的年排放当量，单位为当量/年。

2. 水污染损失核算

矿山开发对水污染的影响主要来源于矿井水和矿区生活污水的排放。本章选用恢复费用法估算水污染后将矿井水和生活污水处理达到工业用水标准所付出的治理投资费用，将费用总和作为矿山开发水污染损失价值，计算公式如下：

$$EC_{1水} = I_{COD} \times Q_{COD} + I_{氨氮} \times Q_{氨氮} \tag{4.2}$$

式中，$EC_{1水}$ 为矿山开发水污染损失价值，单位为元/年；I_{COD}、$I_{氨氮}$ 分别为 COD、氨氮的治理成本，单位为元/当量，参考 2010 年环境保护部和国家统计局的测算结果，水污染物的环境治理成本为 4.7 元/当量；Q_{COD}、$Q_{氨氮}$ 分别为 COD、氨氮的年排放当量，单位为当量/年。

3. 固体废物污染损失核算

1）固体废物堆存处置费用

煤矿产生的固体废物主要为煤矸石，非煤矿产生的固体废物主要有废石、尾矿等。根据《山西省"十三五"工业资源综合利用和清洁生产发展规划》，2015年山西省煤矸石综合利用率为 66.1%，因此存留并堆积在地表的煤矸石大约为煤矸石总量的 33.9%。根据《2016 年全国大、中城市固体废物污染环境防治年报》，尾矿综合利用率约为 25%，则有 75%的尾矿堆存于尾矿库中。根据李建政等（2010）研究，国内废石综合利用率为 30%～40%。山西省废石综合利用率以 40%计，则仍有 60%的废石堆放于排土场或废石场。固体废物堆存处置费用采用影子工程法核算，用固体废物的堆存量与处置成本之积来计算，计算公式如下：

$$S_1 = \sum K_i \times W_i \qquad (4.3)$$

式中，S_1 为固体废物的堆存处置费用，单位为元；K_i 为第 i 种固体废物的堆存量，单位为 t；W_i 为第 i 种固体废物的处置费用，单位为元/t，根据相关资料，煤矸石、废石、尾矿的处置费用分别为 30 元/t、40 元/t、30 元/t 左右；i =1, 2, 3 分别表示煤矸石、废石和尾矿。

2）堆存污染土壤损失

煤矸石中含有铁、锰、铅、镉、汞、砷①、铜、镍、铬等重金属元素，在雨水淋渗和风化作用下，有害有毒物质会渗入土壤，导致土壤污染，造成土质下降。本章采用恢复费用法对煤矸石堆存污染土壤损失进行计算，计算公式如下：

$$S_2 = S_L \times P_m \times D_m \times C_r \qquad (4.4)$$

式中，S_2 为煤矸石堆存污染土壤损失，单位为元；S_L 为煤矸石堆存面积，单位为 m^2；P_m 为煤矸石堆存污染系数，根据中国社会科学院的研究，我国煤矸石堆存污染系数为 1.5；D_m 为煤矸石堆存损失系数，根据中国社会科学院的研究，我国煤矸石堆存损失系数为 1.3；C_r 为污染土壤恢复成本，单位是元/m^2，依据"山西省构建煤炭开采资源与环境补偿政策研究"课题组的研究结果，污染土壤恢复成本为 1000 元/hm^2，即 0.1 元/m^2。

3）自燃矸石治理费用

煤矸石是煤炭采掘和洗选过程中的固体排弃物，由于含有大量可燃物质，长

---

① 砷为非金属，鉴于其化合物具有金属性，本书将其归入重金属，一并统计。

期露天堆积往往容易发生自燃，释放出 SO_2、CO_2、H_2S 等有害气体和一定数量的 NO_x 及苯并[a]芘等有毒物质，从而污染大气。由此产生的经济损失主要为煤矸石自燃灭火工程损失，本章采用防护费用法对自燃矸石治理费用进行核算，计算公式见式（4.5）和式（4.6）：

$$L_f = S_m \times Q_f \times C_a \qquad (4.5)$$

式中，L_f 为煤矸石自燃灭火工程损失，单位为万元；S_m 为煤矸石堆存面积，单位为 m^2；Q_f 为自燃矸石山堆存面积系数，根据山西省社会科学院能源经济研究所的研究，推算出自燃矸石山堆存面积系数为 0.366；C_a 为煤矸石山灭火工程费用，单位为元/m^2。为力求灭火效果良好和损失计算结果准确，煤矸石山灭火工程费用按《山西省煤炭工业可持续发展政策研究环境专题报告》计算取值 80 元/m^2。

$$S_m = S_D \times F \times m \qquad (4.6)$$

式中，S_D 为每吨煤矸石平均堆存面积，取 $0.13m^2/t$；F 为煤矸石堆存系数，取 0.339；m 为煤矸石产生量，单位为 t。

4.1.4.2　生态破坏损失核算

1. 水环境生态系统损失核算

1）水资源破坏损失

根据《山西省煤炭开采对水资源的破坏影响及评价》，山西省每开采 1 t 煤炭破坏水资源 $2.48m^3$。本章采用市场价值法计算水资源破坏损失，计算公式如下：

$$EC_{2水资源} = Q_d \times T_c \times P_W \qquad (4.7)$$

式中，$EC_{2水资源}$ 为水资源破坏损失，单位为元；Q_d 为每开采 1t 煤炭破坏的水资源量，单位为 m^3/t；T_c 为煤炭开采总量，单位为 t；P_W 为水资源成本，单位为元/m^3。根据《山西省煤炭工业生态补偿实践》，山西省万家寨黄河水入呼延水厂的单位成本平均价为 4.87 元/m^3，处理成本平均价为 2.91 元/m^3，总计引黄工程供水的成本价为 7.78 元/m^3。

2）水土流失损失

水土流失损失采用恢复费用法和水土流失治理费用核算。水土流失治理费用按照山西省水土流失治理费用标准来进行核算，计算公式如下：

$$L_C = T_C \times N \qquad (4.8)$$

式中，L_C 为水土流失治理费用，单位为元；T_C 为水土流失治理费用标准，单位为元/m^3；N 为水土流失体积，单位为 m^3。

根据《山西省水土流失补偿费、治理费的征收使用和管理办法》的规定，工矿企业和从事采矿、冶炼、烧制砖瓦和石灰的个人对其造成的水土流失应积极治理，不能或不便自行治理的，应按下列标准交纳水土流失治理费：采矿、筑路及其他有破坏地貌、植被行为的，按采挖面积和倾倒占地面积，每平方米一次性交纳 0.3～0.5 元的水土流失治理费。

水土流失会造成土壤肥力下降。土壤肥力下降损失采用市场价值法，通过计算每吨流失土壤中氮、磷、钾含量，结合当年相应肥料价格来计算，计算公式如下：

$$E_i = \sum_{i=1}^{3} Z \times P_i \times T_i \times Q_i \qquad (4.9)$$

式中，E_i 为氮、磷、钾养分流失所损失的价值，单位为元，$i=$1, 2, 3 分别表示氮、磷、钾三种元素；Z 为矿山开发造成的水土流失总量，单位为 t；P_i 为氮、磷、钾在研究区土壤中的平均质量分数，单位为%；T_i 为氮、磷、钾分别折算为碳酸氢铵、过磷酸钙、硫酸钾的系数，分别为 5.571、3.373、1.667；Q_i 为碳酸氢铵、过磷酸钙和硫酸钾肥料对应的价格，单位为元/t。

2015 年全国碳酸氢铵肥料的价格为 550～680 元/t，过磷酸钙肥料的价格为 600～700 元/t，硫酸钾肥料的价格为 3300～3400 元/t。

根据山西省土壤肥料工作站的研究，农民在施肥时多以化肥为主，导致土壤肥力整体贫瘠化。2005 年山西省土壤养分统计见表 4.1。

表 4.1　2005 年山西省土壤养分统计

有机质/(g/kg)	全氮/(g/kg)	速效磷/(mg/kg)	速效钾/(mg/kg)
13.313	0.833	12.5	142

3）植被破坏引起水源涵养下降损失

植被的重要生态功能之一就是涵养水源。涵养水源的功能主要表现为拦蓄降水、涵蓄土壤水分、补充地下水、调节河川径流以及净化水质等。本章采用影子工程法，把植被涵养水源的功能等效于一个蓄水工程，用工程的修建费用或造价费用间接测算水源涵养的价值。假设植被破坏引起的水源涵养下降，需要修建水库来弥补。据统计，2008 年山西省新建 35 项应急水源工程，修复改造 320 座病险水库，总投资 110 亿元，使全省地表水供水能力增加了 15 亿 m^3，折算成工程投资为 7.33 元/m^3。植被破坏引起水源涵养下降损失可通过计算耕地、草地和林地保持水源涵养损失之和得到，计算公式如下：

$$W_c = W_{c耕地} + W_{c草地} + W_{c林地} \qquad (4.10)$$

式中，W_c 为植被破坏引起水源涵养下降损失，单位为元；$W_{c耕地}$ 为耕地保持水源涵养损失，单位为元；$W_{c草地}$ 为草地保持水源涵养损失，单位为元；$W_{c林地}$ 为林地保持水源涵养损失，单位为元。

（1）耕地保持水源涵养损失的计算公式见式（4.11）和式（4.12）：

$$W_{c耕地} = Q_{耕地} \times P_W \qquad (4.11)$$

$$Q_{耕地} = Q_S \times S_{耕地} \qquad (4.12)$$

式中，$Q_{耕地}$为耕地的水源涵养总量，单位为 m³；P_W为水资源费，单位为元/m³，按水库工程投资 7.33 元/m³ 计算；Q_S为土壤蓄水量，单位为 mm，根据山西省气象局的研究，吕梁市的孝义市、兴县的农田土壤蓄水量平均值分别为 187.31mm、137.9mm，由于缺乏全省土壤蓄水量有效数据，且山西省是典型的黄土广泛覆盖地区，土壤蓄水量取二者的均值 162.6mm；$S_{耕地}$为受损耕地面积，单位为 m²。

（2）草地保持水源涵养损失采用草地蓄水效应来计算，计算公式见式（4.13）～式（4.15）：

$$W_{c草地} = Q_{草地} \times P_W \qquad (4.13)$$

$$Q_{草地} = S_{草地} \times J \times R \qquad (4.14)$$

$$J = J_0 \times K \qquad (4.15)$$

式中，$Q_{草地}$为草地截留降水、涵养水分增加总量，单位为 m³；P_w为水资源费，单位为元/m³，按水库工程投资 7.33 元/m³ 计算；$S_{草地}$为受损草地面积，单位为 m²；J为计算区域多年平均产流降水量（$J>20$mm），单位为 mm；R为草地截留降水和减少地表径流的效益系数，根据已有的实测和研究成果，结合各草地生态系统类型的分布、植被覆盖、土壤、地形特征以及对应裸地的相关特征，各草地植被类型的 R 值见表 4.2，山西省属于温带灌草丛和半干旱草原分布区，因此 R 取 0.15；J_0为计算区域多年平均降水量，山西省的年均降水量在 370～680mm，取中间值 525mm；K为计算区域地表径流降水量占降水总量的比例，K 取北方区数值 0.4。

表 4.2 计算区主要草地植被类型 R 值

温性草原	温性草甸草原	暖性草丛	暖性灌草	热性草丛	热性灌草	山地草甸	低地草甸	沼泽类
0.15	0.18	0.20	0.20	0.35	0.35	0.25	0.20	0.40

注：各草地类型的 R 值由实测结果整理得到

（3）林地保持水源涵养损失以林地土壤蓄水能力来计算。根据森林水源涵养价值核算方法，降水储存量法 I 反映实际水源涵养价值。因此，本章采用降水储存量法 I 计算林地保持水源涵养损失，计算公式见式（4.16）～式（4.18）：

$$W_{c林地} = Q_{林地} \times P_W \qquad (4.16)$$

$$Q_{林地} = A \times J \times R \qquad (4.17)$$

$$J = J_0 \times K \qquad (4.18)$$

式中，$Q_{林地}$ 为林地截留降水、涵养水分增加总量，单位为 m^3；P_W 为水资源费，单位为元/m^3，按水库工程投资 7.33 元/m^3 计算；A 为受损林地面积，单位为 m^2；J 为计算区域多年平均产流降水量（$J > 20mm$），单位为 mm；J_0 为多年平均降水量，取值为 525mm；K 为计算区域地表径流降水量占降水总量的比例，K 取北方区数值 0.4；R 为与裸地比较，林地生态系统减少径流的效益系数，由于山西省属于温带、亚热带落叶阔叶林分布区，R 取 0.28。

2. 土地生态系统损失核算

1）占用和破坏土地经济损失

生态系统通过其功能为人类提供生态产品和服务，即生态系统的功能可以创造生态系统服务价值。生态系统服务价值是指人类直接或间接从生态系统得到的利益，主要包括向经济社会系统输入有用物质和能量、接受和转化来自经济社会系统的废弃物，以及直接向人类社会成员提供服务，而这种服务可以通过经济价值进行估算和衡量。国际上对生态系统服务价值的评估将全球生态系统划分为海洋、森林、草原、湿地、水面、荒漠、农田、城市等 16 大类 26 小类。土地利用结构影响生态系统服务，而矿山开发的人为活动造成草地、林地、耕地等的占用，以及由地表塌陷、地裂缝造成的土地破坏，对土地生态系统的生态系统服务造成直接影响。本章参考国际对生态系统服务价值的评估方法，利用市场价值法估算因矿山开发造成的土地生态系统服务价值损失，计算公式如下：

$$S_L = \sum_{i=1}^{n} C_i \times W_i \qquad (4.19)$$

式中，S_L 为土地生态系统服务价值损失，单位为元；C_i 为第 i 种土地的生态系统服务价值，单位为元/hm^2；W_i 为占用和破坏第 i 种土地的面积，单位为 hm^2。

不同利用类型的土地生态系统服务价值见表 4.3，耕地、园地、林地、草地的生态价值分别为 6114.3 元/hm^2、7354.8 元/hm^2、13667.2 元/hm^2、6509.4 元/hm^2。

表 4.3 不同利用类型的土地生态系统服务价值 （单位：元/hm^2）

项目	耕地	园地	林地	草地
气体调节	442.4	1265.5	1902.5	707.9
气候调节	787.5	1170.3	1592.8	796.4

续表

项目	耕地	园地	林地	草地
水分调节	530.9	41.5	1769.7	707.9
侵蚀控制	—	796.8	796.8	102.9
土壤形成	1291.9	1291.9	2588.2	1725.5
废物处理	1451.2	722.1	1159.2	1159.2
生物多样性	628.2	16.6	1924.6	964.5
食物生产	884.9	356.9	177.0	265.5
原材料	88.5	1145.4	1172.4	44.2
娱乐文化	8.8	547.8	584.0	35.4
合计	6114.3	7354.8	13667.2	6509.4

2）氧气释放损失

采煤占地导致植被氧气释放量减少，耕地、园地、林地、草地氧气释放率分别取 45t/(hm^2·a)、90t/(hm^2·a)、150t/(hm^2·a) 和 60t/(hm^2·a)，氧气释放损失利用市场价值法并按照工业用氧气 800 元/t 的价格核算。

3）土地恢复费用

本章采用恢复费用法，估算土地破坏后将其恢复为原来状态所需支付的土地平整费用、覆土费用、管理费用和不可预见费用等，将费用总和作为土地恢复费用，计算公式如下：

$$EC_{2恢复土地} = \sum_{i=1}^{4} P_i \times S_i \qquad (4.20)$$

式中，P_i 为第 i 种类型土地复垦费用，单位为元/m^2；S_i 为第 i 种类型土地受损面积，单位为 m^2。

根据国家矿区恢复标准，采煤废弃地复垦标准为每亩（1 亩≈666.7m^2）2000～4000 元，本章按每亩 4000 元计算；地表沉陷区恢复费用按 60000 元/hm^2 计。

4.2　山西省矿山开发生态环境损害实物量核算

本节山西省矿山开发生态环境损害实物量的数据由全省矿山生态环境详细调查的基础数据汇总而得。

4.2.1　矿山开发概况

山西省矿产资源丰富，根据全省矿山生态环境详细调查，2007 年全省共有

2769 家矿山企业；其中，在建 529 家，在生产 1310 家，闭坑 298 家，停产 506 家，其他 126 家。2007 年全省非煤矿企业 1694 家，包括铁矿、铜矿、金矿、白云岩矿、大理岩矿、硅石矿、铝土矿、石灰岩矿、石英岩矿等多个矿种开采企业，井田面积达到 1005.26km^2。

从各市矿山企业分布情况来看，忻州市、吕梁市、临汾市矿山企业数量较多，均超过 300 家；太原市、阳泉市、朔州市矿山企业数量较少。从煤矿企业分布情况来看，晋中市、晋城市、临汾市煤矿数量较多，运城市数量最少；从实际生产能力来看，朔州市、大同市、晋城市煤炭年产量较高。非煤矿企业遍布较多的是忻州市、运城市、吕梁市，数量都在 200 家以上，太原市数量较少。各市矿山企业分布情况见表 4.4。

全省 119 个县（市、区）中，晋中市榆社县、祁县、阳泉市城区、长治市城区、运城市临猗县、临汾市永和县等地没有矿山企业，大同市城区、矿区、南郊区矿山企业一起汇总，共有 111 个县（市、区）有矿山企业。从图 4.2 看出，全省矿山企业数量在 60 以上的有 4 个县，分别是沁水县 69 家、灵石县 68 家、交城县 67 家、五台县 63 家；数量在 51～60 的有 2 个县，分别是泽州县 55 家、灵丘县 54 家；数量在 41～50、31～40、21～30、11～20、0～10 的分别有 17 个、15 个、24 个、19 个、30 个县。煤矿企业数量最多的是灵石县，达到 44 家；井田面积最大的是左云县，为 550.81km^2；实际生产能力最大的是平鲁区，达到 11800 万 t/a。非煤矿企业数量最多的是五台县和交城县，达到 61 家；井田面积最大的是灵丘县，为 79.15km^2。

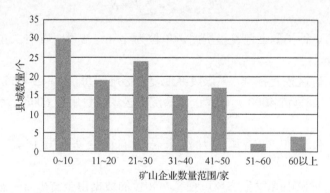

图 4.2　2010 年山西省矿山企业分布的县域数量情况

表 4.4　2007 年山西省各市矿山企业分布情况统计

地区	矿山企业总数/家	在建/家	在生产/家	闭坑/家	停产/家	其他/家	煤矿企业					非煤矿企业	
							数量/家	井田面积/km²	设计生产能力/(万 t/a)	实际生产能力/(万 t/a)	矿石储量/万 t	数量/家	井田面积/km²
太原市	140	56	41	16	27	0	76	1018.22	10011.1	2873.2	854047.9	64	49.654
晋中市	233	21	130	19	47	16	140	1910.80	10679.79	2651	6241715	93	67.21
阳泉市	143	33	68	5	35	2	61	790.44	6215	5262.708	125488.1	82	28.809
长治市	278	32	155	9	63	19	125	2147.01	19639.4	9807.6	928149.6	153	94.809
朔州市	161	14	93	6	40	8	84	921.69	21263	15103	1356547	77	12.562
忻州市	388	76	174	30	90	18	86	994.33	11979	7409.6	907477.5	302	246.136
运城市	238	27	116	13	71	11	23	256.64	1833.04	95.81	182938.1	215	147.851
大同市	199	52	78	26	23	20	87	1593.43	14658.16	12240.91	2517217	112	104.951
吕梁市	379	67	242	36	29	5	114	1585.72	17138	10697.72	965991.2	265	162.602
晋城市	277	71	96	103	1	6	140	2119.58	17003.8	11758.79	1546759	137	13.145
临汾市	333	80	117	35	80	21	139	1694.83	13128.5	7677.89	1874683	194	77.528
合计	2769	529	1310	298	506	126	1075	15032.69	143548.8	85578.23	17501013.4	1694	1005.26

4.2.2 矿山开发对大气环境的污染

矿山企业废气污染源主要为锅炉烟气、原煤筛分粉尘、物料运输扬尘、储煤场扬尘及其他输送转运环节无组织排放的污染物，产生的主要污染物为烟粉尘、SO_2 和 NO_x。本章研究的大气污染物主要指矿山企业锅炉排放的污染物。根据山西省环境统计数据，2015 年山西省矿山企业烟粉尘排放量为 32448.01t、SO_2 排放量为 19095.59t、NO_x 排放量为 12758.84t。

阳泉市、忻州市、晋城市、临汾市大气污染物排放量总体较多，这与煤矿企业数量较多、产量较大的现状有关。太原市、运城市则相对较少。2015 年矿山企业大气污染物排放量统计数据表明，烟粉尘排放最多的是忻州市，达到 13406.37t；SO_2 排放最多的是阳泉市，达到 6979.94t；NO_x 排放最多的也是阳泉市，达到 6828.6218t。

通过 2015 年各县（市、区）矿山企业烟粉尘、SO_2 和 NO_x 排放情况可知，矿山企业烟粉尘的年排放量达到 500t 以上的有浮山县、安泽县、沁源县、陵川县、盂县、平定县、河曲县、大同市南郊区等地，最多的是河曲县，为 12571.08t；SO_2 年排放量达到 500t 以上的有安泽县、沁源县、盂县、保德县、左云县、大同南郊区、新荣区等地，最多的是盂县，为 6368.79t；NO_x 年排放量达到 500t 以上的有安泽县、盂县、保德县、怀仁县、大同市南郊区等地，最多的是盂县，为 6282.36t。

4.2.3 矿山开发对水环境的污染

矿山开发对水环境的污染主要来源于企业产生的矿井废水和生活废水，特别是煤矿企业。根据环境统计数据，2015 年山西省矿山企业生产排放的 COD 为 10889.26t、氨氮为 1380.00t。需要说明的是，现行的环境标准要求各煤矿企业矿井废水实现零排放，但实际上很多煤矿尚未实现零排放，甚至存在未经处理偷排漏排等现象，因此矿山企业水污染物实际排放量远大于以上数值。

2015 年各市矿山企业水污染物排放结果显示，大同市水污染物排放量总体较多，COD 排放量为 2198.02t，氨氮排放量为 689.51t；阳泉市矿山企业水污染物排放量相对较少。同时可以看出，全省矿山企业水污染物主要为 COD。

2015 年各县（市、区）矿山企业 COD、氨氮排放情况显示，矿山企业 COD 年排放量在 500t 以上的有大同市南郊区、长治县、灵石县、垣曲县等地，最多的是大同市南郊区，为 2061.22t；氨氮年排放量在 50t 以上的有大同市南郊区、沁水县、灵石县、怀仁县等地，最多的是大同市南郊区，为 688.8t。

4.2.4　固体废物对环境的污染

矿山企业产生的固体废物包括煤矸石、废石、尾矿、生活垃圾以及处理废水产生的污泥等。煤矸石是伴随着煤矿生产建设产生的工业废渣，包括掘进矸石、洗选矸石等，除部分可用于矸石发电厂进行发电或制砖等回收利用，剩余部分通常采用堆积储存方式处置，或堆放于按规范建设的矸石场，或根据煤矿周围地形地貌特点，堆放于农田、山沟、坡地等。煤矸石堆积形状多近似圆锥体，堆积高度从几十米到 100 多米，形成矸石堆或矸石山。废石是煤矿、石料矿或金属矿等剥离出来的矿床表面的围岩或夹石。一般来说，露天矿每开采 1t 矿石要剥离废石 6～8t。废石除少部分可用于回收提炼金属或用于填料外，基本上都排到排土场或废石场堆存。尾矿通常是金属矿石选别出精矿后所排放的废弃物，除少部分进行回收利用外，通常堆存于矿山附近建有堤坝的尾矿库中。生活垃圾是矿山企业工人日常生活产生的垃圾，通常送往附近的垃圾填埋场进行填埋。污泥是指矿井水或生活污水处理设施处理后产生的固体沉淀物质，生活污泥多用于堆肥还田利用，煤泥脱水后进行统一处置。本章的固体废物主要指煤矸石、废石、尾矿等工业固体废物。

据统计，2015 年山西省矿山企业产生的煤矸石约为 12665.45 万 t，废石约为 8341.32 万 t，尾矿约为 521.36 万 t。从各市煤矸石产生情况来看，吕梁市产生的煤矸石最多，阳泉市次之；运城市由于煤矿数量较少，产生的煤矸石也最少。

从 2015 年各市矿山企业废石产生情况来看，朔州市产生的废石最多，为 5518.04 万 t。晋中市、晋城市产生的废石较少，分别为 25.96 万 t、42.45 万 t。分析原因，朔州市煤矿企业数量较多，且大多为露天开采，因此剥离废石量较多。

从 2015 年各市尾矿产生情况来看，忻州市尾矿产生量最多，为 188.2 万 t；运城市次之，为 124.86 万 t。这与忻州市、运城市分布较多的非煤矿企业有关。阳泉市、长治市、晋城市、朔州市尾矿产生量为零。

从 2015 年各县（市、区）煤矸石、废石、尾矿产生情况来看，煤矸石年产生量在 200 万 t 以上的有 14 个县（市、区），分别是晋城市城区、泽州县、长治市屯留县、长子县、吕梁市兴县、岚县、孝义市、太原市古交市、晋中市寿阳县、阳泉市平定县、朔州市平鲁区以及大同市南郊区、怀仁县、左云县等，其中产生量最大的是平定县，为 2056.73 万 t；废石年产生量在 50 万 t 以上的有 8 个县（市、区），分别是长治市平顺县、沁源县、吕梁市交口县、阳泉市郊区、忻州市代县、繁峙县、河曲县以及朔州市平鲁区，其中产生量最大的是朔州市平鲁区，为 5500 万 t；尾矿年产生量在 100 万 t 以上的有垣曲县、乡宁县、繁峙县等地，其中产生量最大的是繁峙县，为 127.83 万 t。

4.2.5 矿山开发对水环境生态系统的破坏

1. 水资源破坏

矿山开发对开采区地表结构产生影响,造成地表下陷或因开采过度出现裂缝。这种情况会对当地水资源产生严重的影响,主要体现在两个方面:一是矿山开发产生地裂缝会使地表水转变为地下水,并且会加速这种转变的速度;开采区的雨水通过地裂缝大量渗入地下,造成地表储水减少,导致地表水资源不断流失。二是井工开采时,矿坑需要排水,造成地下水资源流失。而且地表水和地下水的同时减少对开采区的水平衡产生影响,降低了水资源的利用率和水资源的存储量。

山西省境内煤矿数量多,且大多为井工开采,因此对水资源的破坏影响最大。根据《山西省煤炭开采对水资源的破坏影响及评价》,山西省每开采 1t 煤炭破坏水资源 2.48m³。2015 年全省煤矿达到 77534.39 万 t 的生产能力,水资源破坏量达到 192285.29 万 m³。

各市煤炭开采对水资源的破坏情况是与煤炭开采量成正比的,朔州市采煤造成水资源的破坏量达到 34050.4 万 m³,大同市、吕梁市、晋城市等煤炭开采较多的市,水资源破坏量也相对较大。

2. 水土流失情况

山西省水土流失原本十分严重,而矿山开发造成的地表沉陷对地表植被和水系的破坏,进一步加剧了水土流失。我国水土流失强度分类分级标准实际上是用土壤侵蚀强度分类分级标准来代替的,即依照《土壤侵蚀分类分级标准》(SL 190—2007)对水土流失强度分级做了规定,不同强度分级见表 4.5。

表 4.5 水土流失强度分级

级别	平均侵蚀模数/[t/(km²·a)]
微度	<200,<500,<1000 (分别指东北黑土区和北方土石山区,南方红壤丘陵区和西南土石山区,西北黄土高原区)
轻度	200,500,1000~2500 (分别指东北黑土区和北方土石山区,南方红壤丘陵区和西南土石山区,西北黄土高原区)
中度	2500~5000
强烈	5000~8000
极强烈	8000~15000
剧烈	>15000

据不完全统计，2015 年山西省矿区水土流失总面积达到 10397.08km²，占全省矿区面积的 29.72%，占全省土地面积的 6.64%。其中，水土流失强度为微度、轻度、中度、强烈、极强烈、剧烈的侵蚀面积分别占水土流失总面积的 15.56%、29.9%、34.95%、15.06%、2.71%、1.82%。由此可见，矿区水土流失程度以轻度侵蚀、中度侵蚀为主。按区域划分，长治市、晋城市、临汾市、晋中市矿区的水土流失面积较大，强度也以轻度侵蚀、中度侵蚀为主。

从 2015 年各县（市、区）矿区水土流失情况统计结果来看，沁水县和大同市南郊区矿区水土流失面积较大，分别为 738.21km² 和 537.12km²。

4.2.6　矿山开发对土地生态系统的影响

1. 占地情况

矿山企业由于建设工业场地、矸石场、排土场、取土场、风井场地、运输道路、尾矿库等，需要占用大量的土地，从而造成森林、草地或耕地等生态系统的破坏。据统计，2015 年山西省矿山企业工业场地占地 229.1975km²，矸石场占地 42.5807km²，排土场占地 57.7599km²，取土场占地 13.7948km²，风井场地占地 7.0439km²，运输道路占地 19.5645km²，尾矿库占地 8.9513km²，堆料场占地 1.7535km²，露天采场占地 127.7056km²，总计占地 508.3517km²。其中，工业场地是煤矿等企业占地最大的区域，露天采场是露天矿山企业占地最大的区域。各市矿山企业占用土地情况见表 4.6。

表 4.6　2015 年山西省各市矿山企业占用土地情况统计（单位：km²）

地区	工业场地	矸石场	排土场	取土场	风井场地	运输道路	尾矿库	堆料场	露天采场	合计
太原市	10.6112	4.7846	6.3487	0.1173	0.2386	15.6781	0	0	12.2628	50.0413
晋中市	22.1706	3.5532	18.1527	0.5498	1.8900	0.4338	0.1440	0.1010	10.5692	57.5643
阳泉市	9.5430	7.0362	0.2638	0.0212	0.3885	0.1025	0	0.0250	1.9543	19.3345
长治市	22.5818	4.0598	0	0.4939	1.0318	0.1501	0	0.0290	2.0180	30.3644
朔州市	20.5404	3.0474	4.5265	0.1534	0	0.0033	0	0	2.3855	30.6565
忻州市	14.1359	4.0094	13.5873	0.1566	0.0782	1.2415	0.4416	0.0663	29.8148	63.5316
运城市	8.9935	0.4480	0.7029	0.1213	0.4791	0.6717	7.2726	0.6942	20.5687	39.9520
大同市	25.6105	0.1946	0.5526	12.0377	1.2548	0.7697	1.0931	0.4539	12.7191	54.6860
吕梁市	26.9037	4.6643	13.1686	0.1301	1.0250	0.2215	0	0.3674	33.9398	80.4204
晋城市	16.4256	1.5232	0.0128	0	0	0	0	0	0.1832	18.1448
临汾市	51.6813	9.2600	0.4440	0.0135	0.6579	0.2923	0	0.0167	1.2902	63.6559
合计	229.1975	42.5807	57.7599	13.7948	7.0439	19.5645	8.9513	1.7535	127.7056	508.3517

2. 采空区及沉陷区情况

受煤炭、铜矿、铁矿等矿产资源大规模开采的影响，2015 年山西省采空区面积达到 4640.31km²，占全省面积的 2.96%。其中，阳泉市、朔州市等地采空区面积较大，分别达到 942.48km²、1368.06km²，占各自区域面积的 20.67%、12.9%。全省矿山企业沉陷区面积达到 1023.76km²，主要集中在含煤量较为丰富且开采量较大的地区，如大同市沉陷区面积达 217.18km²。

2015 年山西省各县（市、区）矿山企业采空区面积统计结果表明，矿山企业采空区面积在 100km² 以上的地区有晋城市高平市、泽州县，晋中市灵石县，太原市古交县、娄烦县，阳泉市平定县，朔州市朔城区以及大同市南郊区等。其中采空区面积最大的是朔城区，为 1181.75km²；沉陷区面积最大的是泽州县，为 288.35km²。

3. 占用和破坏土地生态系统情况

土地生态系统包括森林、草地、耕地等生态系统。2015 年山西省矿山开发由于建设工业场地、排土场、矸石厂、露天采区等，以及地裂缝、采空区、沉陷区等造成占用和破坏草地面积约 1969.2587km²、林地面积约 2514.9361km²、耕地面积约 1278.2798km²，总计破坏植被约 5762.4746km²，约占井田面积的 40%。

从 2015 年各市矿山企业占用和破坏土地生态系统情况来看，晋城市、临汾市矿山企业占用和破坏土地生态系统的情况较严重。晋城市矿山企业占用和破坏的草地、林地、耕地面积分别为 992.9936km²、1517.9291km²、692.9219km²，共计 3203.8446km²；临汾市矿山企业占用和破坏的草地、林地、耕地面积分别为 272.2531km²、569.5068km²、286.2079km²，共计 1127.9678km²，约占井田面积的 70%。

2015 年各县（市、区）矿山企业占用和破坏土地生态系统总面积在 200km² 以上的地区有晋城市高平市、泽州县、沁水县、阳城县，临汾市乡宁县、洪洞县、蒲县，太原市古交市以及大同市南郊区等。其中，占用和破坏草地面积最大的是阳城县，为 694.3km²；占用和破坏林地面积最大的是阳城县，为 969.253km²；占用和破坏耕地面积最大的是泽州县，为 161.84km²。

4.3 山西省矿山开发生态环境损害价值量核算

通过 4.1 节关于山西省矿山开发生态环境损害核算体系确定的核算指标及方

法，结合 4.2 节山西省矿山开发生态环境损害实物量的统计，计算出山西省矿山开发生态环境损害价值量。

4.3.1　矿山开发生态环境损害总价值量核算

4.3.1.1　环境污染损失核算

1. 人体健康和人类福利损失

2015 年，山西省矿山开发的烟粉尘、SO_2、NO_x 排放量分别达到 32448.01t、19095.59t、12758.84t，造成的人体健康和人类福利损失分别达到 6018 元/t、1565 元/t 和 2407 元/t。由此计算得到，2015 年山西省矿山开发排放的烟粉尘、SO_2、NO_x 造成人体健康和人类福利损失分别为 19527.21 万元、2988.46 万元、3071.05 万元，合计 25586.72 万元。

2. 废气治理投资费用

根据当量计算法可得，2015 年山西省矿山开发排放的烟粉尘、SO_2、NO_x 当量分别为 14884408、20100626、13430355。按照大气污染物的治理成本 4.6 元/当量计算，根据式（4.1）得出，全省废气治理投资费用为 22271.08 万元。

3. 废水治理投资费用

根据当量计算法可得，2015 年全省矿山开发排放的 COD、氨氮当量分别为 10889257.9、1724996.875。按照水污染物的治理成本 4.7 元/当量计算，根据式（4.2）得出，全省废水治理投资费用为 5928.7 万元。

4. 固体废物堆存处置费用

2015 年山西省矿山企业煤矸石、废石、尾矿的堆存量分别为 4293.59 万 t、5064.53 万 t、391.02 万 t，处置费用分别取 30 元/t、40 元/t、30 元/t，根据式（4.3）计算得出，煤矸石、废石、尾矿的堆存处置费用分别为 128807.7 万元、202581.2 万元、11730.6 万元，总计约 343119.5 万元。

5. 堆存污染土壤损失

根据式（4.6）计算得出，2015 年山西省矿山企业煤矸石堆存面积约 5581663.815m^2。根据式（4.4）计算得出，煤矸石堆存污染土壤损失约 108.84 万元。

6. 自燃矸石治理费用

2015 年山西省煤矸石堆存面积为 5581663.815m^2，煤矸石山灭火工程费用按 80 元/m^2 计算。根据式（4.5）得出，全省自燃矸石治理费用约为 16343.11 万元。

4.3.1.2 生态破坏损失核算

1. 水资源破坏损失

据不完全统计，2015 年山西省煤矿实际生产能力约为 77534.39 万 t。山西省每开采 1t 煤炭破坏水资源 2.48m^3，水资源成本按 7.78 元/m^3 计算。根据式（4.7）得出，全省煤炭开采造成水资源破坏损失为 1495979.53 万元。

2. 水土流失损失

据不完全统计，2015 年山西省矿区水土流失面积达到 10397.08km^2。考虑山西省大部分地区属于山地、丘陵地貌，治理难度较大，水土流失治理费用标准选取 50 万元/km^2。根据式（4.8）计算得出，全省矿区水土流失的治理费用为 519854 万元。水土流失引起的土壤肥力下降损失根据式（4.9）计算，水土流失强度微度、轻度、中度、强烈、极强烈、剧烈各区间的平均侵蚀模数，分别取 1000t/(km^2·a)、1500t/(km^2·a)、3750t/(km^2·a)、6500t/(km^2·a)、11500t/(km^2·a)、15000t/(km^2·a)，可得出 2015 年山西省矿区的水土流失总量为 32281005.94t。土壤中损失的氮、磷、钾质量分别为 26890.08t、403.51t、4583.90t，对应的碳酸氢铵、过磷酸钙和硫酸钾肥料的市场价格分别取 600 元/t、650 元/t、3400 元/t，计算得出损失的价值分别为 8988.28 万元、88.47 万元、2598.06 万元，总计 11674.81 万元。结合以上两项损失费用得出，全省矿山开发引起的水土流失损失为 531528.81 万元。

3. 植被破坏引起水源涵养下降损失

根据统计，2015 年山西省矿区因开采造成草地、林地、耕地被占用和破坏的面积分别为 1969.2587km^2、2514.9361km^2、1278.2798km^2。根据式（4.10）～式（4.19）分别计算出，草地、林地、耕地植被破坏导致水源涵养下降的总量分别为 6203.16 万 m^3、14787.82 万 m^3、20784.83 万 m^3，导致的水源涵养下降损失分别为 45469.20 万元、108394.75 万元、152352.80 万元，总计 306216.75 万元。

4. 占用和破坏土地经济损失

草地、林地、耕地的生态系统服务价值分别为 6509.4 元/(hm²·a)、13667.2 元/(hm²·a)、6114.3 元/(hm²·a)。根据式（4.19）计算得出，2015 年山西省矿产资源开采每年造成草地、林地、耕地的占用和破坏经济损失分别为 128186.93 万元、343721.35 万元、78157.86 万元，总计 550066.14 万元。

5. 氧气释放损失

2015 年山西省矿区因开采造成草地、林地、耕地被占用和破坏的面积分别为 1969.2587km²、2514.9361km²、1278.2798km²。草地、林地、耕地氧气释放量分别取 60t/(hm²·a)、150t/(hm²·a)、45t/(hm²·a)，则计算出减少的氧气释放量分别为 11815552.2t、37724041.5t、5752259.1t，共计 55291852.8t。氧气释放损失利用市场价值法核算，按照工业用氧气 800 元/t 的价格计算，则草地、林地、耕地的氧气释放损失总计 4423348.224 万元。

6. 土地恢复费用

结合全省各市矿山企业采空区及沉陷区情况统计表及各市矿山企业占用土地情况统计表得出，2015 年全省矿山企业沉陷区面积约为 1023.76km²，占用土地面积约为 508.35km²。国家矿区复垦标准为每亩 2000～4000 元，本章按每亩 4000 元计算，地表沉陷区恢复费用按 60000 元/hm² 计，则全省矿区土地复垦费用为 305010 万元，沉陷区恢复费用为 614256 万元，土地恢复费用总计 919266 万元。

4.3.1.3 结果分析

（1）2015 年山西省矿山开发生态环境损害价值量核算结果见表 4.7。从核算结果可知，2015 年山西省矿山开发生态环境损害价值量初步核算约 863.98 亿元。其中，环境污染损失约 41.34 亿元，生态破坏损失约 822.64 亿元。可见，矿产资源开采造成的环境污染与生态破坏损失巨大，尤其是生态破坏损失。

表4.7 2015年山西省矿山开发生态环境损害价值量核算结果

	分类	核算内容	损失总价值/万元
环境污染损失核算	大气污染损失核算	人体健康和人类福利损失	25586.72
		废气治理投资费用	22271.08

续表

分类		核算内容	损失总价值/万元
环境污染损失核算	大气污染损失核算	小计	47857.80
	水污染损失核算	废水治理投资费用	5928.7
		小计	5928.7
	固体废物污染损失核算	固体废物堆存处置费用	343119.5
		堆存污染土壤损失	108.84
		自燃矸石治理费用	16343.11
		小计	359571.45
	环境污染损失核算合计		413357.95
生态破坏损失核算	水环境生态系统损失核算	水资源破坏损失	1495979.53
		水土流失损失	531528.81
		植被破坏引起水源涵养下降损失	306216.75
		小计	2333725.09
	土地生态系统损失核算	占用和破坏土地经济损失	550066.14
		氧气释放损失	4423348.224
		土地恢复费用	919266
		小计	5892680.364
	生态破坏损失核算合计		8226405.454
总计			8639763.404

（2）部分矿山开发造成的生态环境破坏情况并不十分清楚，还有大量的环境污染和生态破坏没有统计，导致生态环境损害价值量核算结果并不完整。

（3）由于技术的原因，核算方法中部分参数选取的多是各研究报告或文献中得出的数值，与山西省实际情况会有差别。

（4）矿山生态环境破坏造成的经济损失有很多方面，比如矿山开发过程中的噪声污染，矿山开发导致房屋建筑破坏的损失、交通设施破坏的损失、人畜吃水的损失等，由于数据缺乏，部分损失和消耗无法量化，因此该数值仅是一个粗略、保守的估算。

4.3.2　各市矿山开发生态环境损害价值量核算

4.3.2.1　环境污染损失核算

1. 人体健康和人类福利损失

各市矿山企业排放大气污染物导致人体健康和人类福利损失的结果显示，忻州市矿山企业排放大气污染物导致的人体健康和人类福利损失最多，总计 8469.49 万元；晋城市次之，总计 5143.65 万元。其中，忻州市、晋城市矿山企业排放 PM_{10} 导致的人体健康和人类福利损失较多，分别达到 8067.95 万元、5094.80 万元；阳泉市矿山企业排放 SO_2、NO_x 导致的人体健康和人类福利损失最多，分别为 1092.36 万元、1643.65 万元。运城市矿山企业排放大气污染物导致的人体健康和人类福利损失最少，分别为 PM_{10} 造成损失 23.24 万元、SO_2 造成损失 15.96 万元、NO_x 造成损失 17.24 万元，共计 56.44 万元。

2. 废气治理投资费用

各市矿山企业的废气治理投资费用结果显示，阳泉市矿山企业排放的废气治理投资费用最高，总计 7136.8 万元；忻州市次之，总计 3850.31 万元。其中，烟粉尘治理投资费用最高的是忻州市，为 2828.87 万元；SO_2、NO_x 的治理投资费用最高的均是阳泉市，分别为 3306.49 万元、3379.76 万元。运城市矿山企业排放的废气治理投资费用最少，分别为烟粉尘治理投资费用 8.15 万元、SO_2 治理投资费用 49.37 万元、NO_x 治理投资费用 34.68 万元，总计 92.2 万元。

3. 废水治理投资费用

各市矿山企业的废水治理投资费用结果显示，COD 的治理投资费用远高于氨氮的治理投资费用。废水治理投资费用最高的是大同市，总计 1438.15 万元，其 COD 和氨氮的治理投资费用也是相对较高，分别为 1033.07 万元、405.08 万元；长治市次之，总计 811.757 万元。阳泉市废水治理投资费用最少，分别为 COD 治理投资费用 19.407 万元、氨氮治理投资费用 5.65 万元，总计 25.057 万元。

4. 固体废物堆存处置费用

各市矿山企业的固体废物堆存处置费用结果显示，整体来看，除朔州市、忻州市、运城市外，其他市矿山企业的固体废物堆存处置费用中，煤矸石较高，废石次之，尾矿最低。其中，煤矸石堆存处置费用最高的是吕梁市，达到 33966.78 万元；废石堆存处置费用最高的是朔州市，达到 132432.89 万元；尾矿堆存处置费用相对较高的是运城市，达到 4234.48 万元，阳泉市、长治市、晋城市、朔州市不产生该项费用。就固体废物堆存处置总体费用来说，晋城市最少，为 5497.47 万元；朔州市最高，达到 146465 万元。

5. 堆存污染土壤损失

各市煤矸石堆存产生的污染土壤损失结果显示，吕梁市煤矸石产生量最多，因此该项损失与其他市相比最大，为 28.7 万元；运城市煤矿较少，因此煤矸石产生量少，该项费用仅为 0.97 万元。

6. 自燃矸石治理费用

各市自燃矸石治理费用结果显示，该项费用最高的是吕梁市，为 4309.7 万元；最低的是运城市，为 146.392 万元。

4.3.2.2 生态破坏损失核算

1. 水资源破坏损失

各市矿山开发造成水资源破坏的损失结果显示，因水资源破坏损失与采煤量成正比关系，该项损失最大的是朔州市，为 264912 万元；最小的是运城市，为 1680.54 万元。

2. 水土流失损失

各市矿山开发造成水土流失的治理费用结果显示，晋城市水土流失量较大，因此该项费用相较其他市较高，为 96744.07 万元；运城市水土流失治理费用最低，为 10078.92 万元。

各市矿山开发造成土壤肥力下降的损失结果显示，因该项损失与水土流失情况成正比关系，所以该项损失最大的是晋城市，为 1836.25 万元；最小的是运城市，为 284.94 万元。

综合水土流失治理费用以及土壤肥力下降损失，各市矿山开发引起水土流失损失最大的是晋城市，总计 98580.32 万元；最小的是运城市，总计 10363.86 万元。

3. 植被破坏引起水源涵养下降损失

各市矿山企业因占用和破坏植被而引起的水源涵养下降损失结果显示，晋城市矿山企业因草地、林地、耕地被占用和破坏导致的水源涵养下降损失与其他各市相比都较大，分别为 22927.73 万元、65423.35 万元、82586.45 万元，总计 170937.53 万元；朔州市损失最小，总计 756.337 万元。

4. 占用和破坏土地经济损失

各市矿山企业因开发建设和采矿活动而占用和破坏土地造成的经济损失结果显示，林地损失最大，其次是草地，耕地损失最小。其中，晋城市矿山企业因占用和破坏草地、林地、耕地造成的损失较大，分别为 64637.93 万元、207458.4 万元、42367.33 万元，总计 314463.66 万元；运城市损失较小，分别为 1155.79 万元、947.21 万元、100.29 万元，总计 2203.29 万元。

5. 氧气释放损失

各市矿山开发导致的氧气释放损失结果显示，晋城市氧气释放损失最大，为 2547603.71 万元；临汾市次之，为 917162.95 万元。朔州市、运城市氧气释放损失均较小，分别为 13437.34 万元、17429.85 万元。

6. 土地恢复费用

土地恢复费用分为复垦土地费用和沉陷区恢复费用两部分。各市矿山企业土地恢复费用结果显示，复垦土地费用较高的是吕梁市，为 48252.19 万元，较低的是晋城市，为 10886.89 万元；沉陷区恢复费用较高的是晋城市，为 198007.03 万元；较低的是运城市，为 10107.81 万元。土地恢复费用总计最高的是晋城市，为 208893.9 万元；最低的是阳泉市，为 37007.6 万元。

4.3.2.3　结果分析

（1）通过核算各市矿山企业生态环境损害价值量得出，2015 年矿山开发生态环境损害较大的是晋城市，生态环境损害价值量为 356.06 亿元，约占全省生态环境损害价值量的 41.2%；生态环境损害较小的是运城市，生态环境损害价值量为 7.31 亿元，约占全省生态环境损害价值量的 0.85%。

（2）大同市、晋城市、临汾市等地矿山开发生态环境损害价值量都较大，而这几个市普遍都是煤矿数量较多、生产能力较强的产煤地区；在全省各市中，运城市的煤矿企业数量最少，非煤矿企业数量最多，而运城市的矿山开发生态环境损害价值量最小（表 4.8）。由此看来，煤矿生产造成的生态环境破坏比非煤矿更严重，因此带来的生态环境损害也更大。

表 4.8 2015 年山西省各市矿山开发生态环境损害价值量核算结果

（单位：万元）

地区	环境污染损失核算						生态破坏损失核算						合计
	人体健康和人类福利损失	废气治理投资费用	废水治理投资费用	固体废物堆存处置费用	堆存污染土壤损失	自燃矸石治理费用	水资源破坏损失	水土流失损失	植被破坏引起水源涵养下降损失	占用和破坏土地经济损失	氧气释放损失	土地恢复费用	
太原市	139.13	174.45	194.689	7338.27	4.42	661.696	45303.69	36369.97	27899.088	51481.68	403157.094	86551.6	659275.777
晋中市	416.55	520.53	622.86	14705.8	11.61	1743.7	46499.5	61084.55	2464.8	6502.19	52769.26	66320.9	253662.25
阳泉市	4021.08	7136.8	25.057	45253	23.32	3501.59	92309.8	28883.22	2358.65	6813.69	56438.32	37007.6	283772.127
长治市	1156.93	1331.52	811.757	18929.3	9.74	1462.8	172029	71102.88	7715.42	4842.56	30353.05	75877	385621.957
朔州市	500.89	855.58	340.14	146465	11.86	1780.35	264912	24764.81	756.337	1810.03	13437.34	50443.1	506077.437
忻州市	8469.49	3850.31	655.917	14310.8	1.24	186.587	129967	50936.53	5009.58	11241.3	89804.78	48951.7	363385.234
运城市	56.44	92.2	314.07	5873.56	0.97	146.392	1680.54	10363.86	904.175	2203.29	17429.85	34079	73144.327
晋城市	5143.65	1907.41	738.81	5497.47	3.78	568.261	206253	98580.32	170937.53	314463.66	2547603.71	208893.9	3560591.531
临汾市	3423.32	2998.14	511.82	11134.8	4.29	643.854	134673	72221.49	64945.9	113063	917162.95	59563.6	1380346.164
大同市	1546.6	2487.96	1438.15	21719.6	8.91	1338.18	214710	54153.39	5304.3	15277.4	125164.91	163121.5	606270.9
吕梁市	712.64	916.14	275.43	51891.9	28.7	4309.7	187642	28023.26	17922.5	22367	170026.96	88456.1	572572.33
全省合计	25586.72	22271.04	5928.7	343119.5	108.84	16343.11	1495979.53	536484.28	306218.28	550065.8	4423348.224	919266	8644721.034

注：本表中的全省合计值以各市值计算，由于计算方式不同，个别数据与分项值与 4.3.1 节的数据略有差别

4.3.3　各县（市、区）矿山开发生态环境损害价值量核算

从各县（市、区）矿山开发生态环境损害价值量核算结果来看，2015 年矿山开发生态环境损害价值量在 40 亿元以上的地区有晋城市、沁水县、高平市、阳城县、泽州县，朔州市平鲁区以及大同市南郊区等地，有三分之二集中于晋城市，损失最大的是阳城县，达到 184.93 亿元。

4.4　结论与建议

目前，针对矿山开发生态环境损害评估的理论和方法仍处于探索阶段，而且鉴于矿山生态环境的复杂性，特别是有些指标难以定量核算，因此定量核算矿山开发环境污染和生态破坏损失，无论是数据还是技术都面临着基础性研究不足的限制。本章通过研究总结矿山开发生态环境损害的核算内容与核算方法，在山西省矿山生态环境详细调查工作的基础上，初步核算出 2015 年山西省矿山开发环境污染与生态破坏损失约 864.47 亿元；其中，环境污染损失约 41.34 亿元，生态破坏损失约 823.13 亿元，因此生态破坏损失是山西省矿山开发环境代价的主要部分。2015 年山西省 GDP 为 12802.6 亿元，而煤炭工业实现主营业收入 5759.7 亿元。可见，煤炭及其他矿山开发在为山西省经济发展贡献 GDP 的同时，带来了严重的生态破坏和环境污染问题，不利于可持续发展，也不符合绿色发展的要求。

在当前大力建设生态文明的背景下，建设绿色矿山以及确保矿山企业的健康可持续发展是山西省践行绿色发展和"绿水青山就是金山银山"理念的立足点。一方面，山西省应将绿色发展理念融入矿山企业的生产、建设活动中，把生态环保提高到企业发展的战略地位，坚持矿山开发与矿山生态环境修复同步进行，并结合国土资源部、财政部、环境保护部等联合印发的《关于加快建设绿色矿山的实施意见》（国土资规〔2017〕4 号）的要求，加快绿色矿山建设进程，形成符合山西省生态文明建设要求的矿业发展新模式。另一方面，山西省应完善制度建设和资金保障，针对山西省矿山开发现状及生态环境损害程度，对可修复的生态环境问题提出治理要求；对不可修复的以及历史遗留的生态环境问题，将清生态补偿或赔偿责任，完善赔偿或补偿机制，建立矿产资源开采环境核算制度以及矿区生态环境治理绩效评估机制，让企业在发展的同时清楚认识矿产资源开采所带来的代价，从而形成可持续发展的意识。

第 5 章　环境影响经济损益分析在城市发展规划
环境影响评价中的应用

5.1　山西省孝义市概况

山西省是国务院批准的全国第一个全省域、全方位、系统性进行资源型经济转型综合配套改革试验区，经济转型是山西省"十二五"期间的发展主题。山西省作为煤炭大省、污染重省、全国能源和重化工基地，产业结构单一，长期面临着经济发展与环境保护之间难以协调的严峻局面。

孝义市是山西省典型的资源型城市。丰富的矿产资源为孝义市带来经济增长的同时，也不可避免地造成了生态破坏和环境污染，带来了生态危机和空间布局风险，威胁城市的生态安全格局和可持续发展能力。面临国家新形势和山西省发展新要求，加快转型跨越发展成为摆在孝义市面前的一项重大课题，同时也是难得的历史机遇。作为中国典型资源枯竭型城市转型试点和国务院确定的第二批 32 个资源枯竭型城市之一，孝义市在"十二五"期间紧跟国家形势，顺应山西省要求，以开创"园区经济、人才创业、孝河—汾河、生态宜居、民生幸福"五新时代为引领，实现了建设全国百强市、区域性中心城市及争创山西科学发展品牌、争做山西省转型跨越发展排头兵的发展目标。孝义市因地制宜、集思广益，积极探寻绿色发展之路，以低碳经济、循环经济、绿色经济理念为指导，适时提出绿色转型战略，推进生产方式转型、生活方式转型和城市生态功能转型，进一步调整区域经济发展格局，打造区域性中心城市。

5.1.1　自然环境与资源概况

5.1.1.1　自然环境概况

1. 地理位置

孝义市位于山西省中部，晋中盆地西南隅，吕梁山脉中段东麓（图5.1、图5.2）。地理位置介于东经 $111°21' \sim 111°56'$，北纬 $36°56' \sim 37°18'$。北与汾阳市为邻，西北与中阳县相依，西与交口县接壤，南与灵石县相连，东南与介休市隔汾河相望。境域东西直线最长为46km，南北直线最宽为26.55km；总面积为945.8km²，占吕梁市土地总面积的 4.5%，占全省土地总面积的 0.6%。

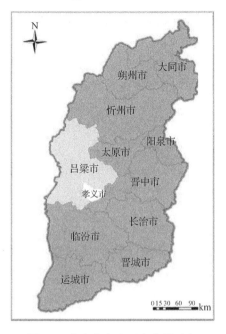

图 5.1　孝义市在山西省位置示意

图 5.2　孝义市在吕梁市位置示意

2. 地形地貌

孝义市地势总体西高东低,最高海拔 1777m,最低海拔 731m,高差最大达 1046m(图 5.3)。受海拔地势影响,孝义市地表坡度较大,大部分地区坡度大于 8°。

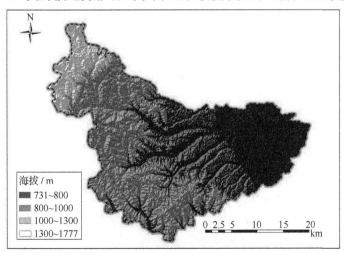

图 5.3　孝义市地形地貌分异

图例中的海拔范围包含左边界值不包含右边界值

孝义市地形地貌分为西部山区、中部丘陵和台塬区、东部平原区，其中80%以上为山地丘陵地带，仅有18.31%为平原。

西部为石灰岩千石山区，属吕梁山脉。山坡呈阶梯状，沟谷切割陡峭，地表大部分被灌木覆盖，面积为147.64km²，占总面积的15.61%。

中部一部分被黄土覆盖，形成典型的黄土丘陵地貌，面积为442.26km²，占总面积的46.76%；另一部分被河溪洪水切割为长梁状台塬地貌，台塬面开阔平坦，地势呈北东向倾斜，面积为182.73km²，占总面积的19.32%。

东部是太原盆地的组成部分，地势平坦，水源丰富，土壤肥沃，灌溉方便，是孝义市的主要粮棉产区，面积为173.17km²，占总面积的18.31%。

3. 气候气象

孝义市地处中纬度内陆黄土高原腹地，受大陆性季风影响，属暖温带大陆性半干旱半湿润气候，其特点是：春季温度回升较快，干旱多风；夏季气候炎热，雨量集中；秋季天高气爽，阴雨较多；冬季寒冷，风大雪少。

根据孝义市近年气象资料统计：多年平均气温为11.2℃，极端最高气温为41.1℃，极端最低气温为-23.1℃；年平均相对湿度为5.4%；年平均降水量为415.3mm，年降水量最大值为561.2mm，年降水量最小值为278.6mm，全年73.9%的降水集中在每年的6~9月份；年平均蒸发量为1808mm，是年平均降水量的4.4倍；平原区多年平均无霜期为160~180天，山区多年平均无霜期为120~150天；年均日照时数为2418.5h，日照百分率为58%；最大冻土深度为83cm。

孝义市年平均风速为1.94m/s，年主导风向为西风，出现频率为18.77%，静风的年出现频率为4.73%。春季主导风向为西北风，出现频率为14.95%；夏季主导风向为西风，出现频率为13.86%；秋季主导风向为西风，出现频率为23.63%；冬季主导风向为西风，出现频率为24.44%。

4. 水文水质

1）地表水系

孝义市地表水系以河流为主，共计12条，其中过境河有4条，即汾河、文峪河、磁窑河、虢义河；内河有8条，即王马河、白沟河、柱濮河、西许河、孝河、兑镇河、下堡河、曹溪河（图5.4）。

汾河自介休市至孝义市东北的桥头村入境，经南姚村东至东董屯村2km处再次进入介休市境内，境内全长约6.95km，河宽300~600m。磁窑河为汾河一级支流，流经孝义市东部与介休市交界处，长约5km，径流量2200万m³，年输沙量48万t。文峪河为汾河一级支流，由汾阳北辛庄附近流入市境，由孝义市南窑村东

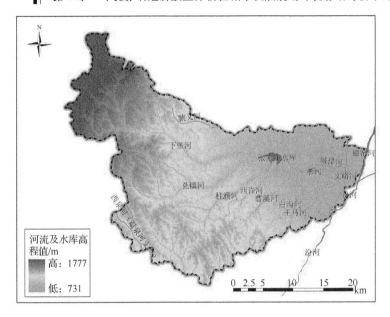

图 5.4　孝义市河流水系

汇入汾河，境内长约 12.8km，径流量 1.741 亿 m³，年输沙量 264 万 t。虢义河位于汾阳市境内，为洪水河，分为南北两河，流域面积 318.78km²。

孝河为孝义市境内主要河流，全长 56.5km，流域面积 500km²。上源分为下堡河和兑镇河两支，至薛家会村合流后进入张家庄水库。柱濮河、西许河分别在崇源头、永安庄进入张家庄水库。孝河向东从张家庄流出，至旧城南接纳曹溪河，又东至芦南村东南 0.5km 处汇入文峪河。孝河年径流量 1373 万 m³，年输沙量 174 万 t。

兑镇河古称南川，发源于市西高塘山东麓，全长 31.8km，流域面积 138km²；曹溪河年径流量 121.5 万 m³，年输沙量为 11 万 t；下堡河古称北川，发源于市西北狗沟和中阳县南大井，全长 40km，流域面积 276.7km²，年径流量 646.5 万 m³，年输沙量 76.18 万 t。

2）地下水系

地下水按含水介质主要分为三类：孔隙水、裂隙水和岩溶水。孝义市境内，由于含水岩层构成不同，地下水含水岩层可分为四类：奥陶系碳酸盐类岩溶裂隙水含水岩组、碎屑岩夹碳酸盐岩类裂隙水含水岩组、碎屑岩类裂隙水含水岩组、松散岩类孔隙水含水岩组。

（1）奥陶系碳酸盐类岩溶裂隙水含水岩组主要位于西北部山区，丘陵区的河谷中也有出露，地下水位埋深达数百米，是山区人畜吃水水源，单位涌水量为 4.4～

89.9t/(h·m)。

（2）碎屑岩夹碳酸盐岩类裂隙水含水岩组在丘陵区和西部均有出露，一般含有三层石灰岩，富水性较好，单位涌水量为 $1.8\sim7.6m^3/(h·m)$。由于该含水岩层受采煤影响较大，很多地方已被疏干。

（3）碎屑岩类裂隙水含水岩组分布范围北自邀庄西、下魏底、偏店至城区经西南部兑镇河以南至汾孝断层等广大地区，主要含水岩层为砂岩，因与隔水页岩互层，接受补给较差，一般含水较弱，单位涌水量为 $0.036\sim3.6m^3/(h·m)$。

（4）松散岩类孔隙水含水岩组包括第四系及新近系含水岩层，第四系全新统含水岩层主要分布在孝河河谷，单位涌水量为 $1\sim10m^3/(h·m)$；第四系下更新统、中更新统和上更新统含水层分布在高阳偏西至寺家庄—下栅一线以东，单位涌水量为 $1\sim3m^3/(h·m)$。新近系上新统含水岩层主要分布在孝河河谷以北、临水以东一带，单井涌水量一般为 $15\sim24m^3/h$。白壁关村南下堡河谷内砾石层 26.6m，单井涌水量为 $60m^3/h$，单位涌水量为 $0.01\sim17.53m^3/(h·m)$。自孝义城区内向东，含水层层组数增多，厚度渐薄。

5.1.1.2 资源概况

1. 矿产资源

孝义市素有“三晋宝地”之称，矿产资源品种多、分布广、储量大、品位高、易开采。全市已发现的矿产有数十种之多，包括煤炭、铝土矿、铁矿、耐火黏土、溶剂灰岩、镓、石膏、硫铁矿、稀有稀土、石灰岩等，尤以煤、铝最为著名。另外，铁矿、耐火黏土、石灰岩等资源也有大量埋藏，具有很好的开发利用价值。

煤炭：孝义市境内煤炭资源属霍西煤田的主要组成部分，含煤面积 $783.5km^2$，占霍西煤田总面积的 82.8%；总储量 90 亿 t 以上，其中已探明储量 70 亿 t，预测储量 20 亿 t 以上。孝义市煤炭资源具有储量大、煤质好、层位稳定、品种齐全、集中易采等特点。

铝土矿：铝土矿为孝义市优势矿产资源，主要分布在西部地区，埋藏面积约 $100km^2$；已探明保有储量 2.2 亿 t，约占全国储量的 20%，占全省储量的 41%，占全区储量的 74%。孝义市铝土矿具有地质构造简单、矿体规模较大、埋藏浅、品位高、极易开采等特点，具有很高的开采价值。

铁矿：孝义市境内铁矿属沉积型，类型单一，通常称为“山西式铁矿”，即“窝子矿”，其分布大体与铝土矿相当；已探明储量 1964.3 万 t，其中 85%的储量集中在西河底矿区，矿石品位在 31%～60%。

耐火黏土：耐火黏土埋藏于铝土矿层之上或体间，与之相依共生；现已探明的储量约 8895.3 万 t，主要成分高岭石含量在 30%～70%，耐火度在 1730～1770℃。该矿主要用于冶炼、铸造，质优者可用于陶瓷原料及造纸、橡胶的填充料。

石灰岩：孝义市西北部石灰岩资源丰富，面积约 120km²；远景储量 210 亿 t，能用储量 60 亿 t，已探明储量 3608.5 万 t，块段平均品位一般在 54%以上。目前，该矿仅有少量开采，用于高炉溶剂和建材。

此外，石膏、硫铁矿、瓷土、紫砂工艺黏土、红色黏土、高岭土、饰面石材等其他矿产均有大量埋藏，且有初步的地质资料，尚待开发利用。

2. 水资源

孝义市属于我国水资源匮乏省份中的严重缺水县（市、区）之一。据 2004 年山西省第二次水资源普查结果，孝义市水资源总量为 5991 万 m³，其中，地表水资源量为 2763 万 m³，地下水资源量为 4701 万 m³，重复计算量为 1473 万 m³。孝义市人均水资源量为 140 m³，仅占山西省人均水资源量的 30%，全国人均水资源量的 5%左右，世界人均水资源量的 1.2‰。

除了人均水资源量低，孝义市水资源供需矛盾突出。2009 年孝义市可利用的水资源总量为 3818 万 m³，而各行业实际取水量达到了 5262 万 m³，缺口为 1444 万 m³。

3. 土地资源

孝义市土地总面积为 93755.92hm²，按照国家标准分类，其中农用地面积为 71378.35hm²，占土地总面积的 76.1%；建设用地面积为 17082.38hm²，占土地总面积的 18.2%；未利用地面积为 5295.19hm²，占土地总面积的 5.7%。土地利用率为 94.4%（表 5.1）。

表 5.1　孝义市土地利用现状

项目	面积/hm²	比例/%
农用地	71378.35	76.1
建设用地	17082.38	18.2
未利用地	5295.19	5.7
合计	93755.92	100

孝义市农用地主要包括耕地、园地、林地、草地四种类型，如表 5.2 所示。其中，耕地面积为 35495.48hm²，占农用地面积的 49.7%，大部分为旱地梯田，田块小，整体质量较差；园地面积为 1372.59hm²，占农用地面积的 1.9%，全部为果

园，经营粗放，单产低；林地面积为 17472.62hm^2，占农用地面积的 24.5%，以林灌地为主；草地面积为 17037.66hm^2，占农用地面积的 23.9%，以天然草地为主，草地的质量较差。

表 5.2 孝义市农用地利用现状

项目	面积/hm^2	比例/%
耕地	35495.48	49.7
园地	1372.59	1.9
林地	17472.62	24.5
草地	17037.66	23.9
合计	71378.35	100

建设用地分为城镇村及工矿用地、交通运输用地、水域及水利设施用地三个类型，如表 5.3 所示。其中，城镇村及工矿用地面积为 13351.05hm^2，占建设用地面积的 78.2%；交通运输用地面积为 2828.56hm^2，占建设用地面积的 16.5%；水域及水利设施用地面积为 902.77hm^2，占建设用地面积的 5.3%。

表 5.3 孝义市建设用地土地利用现状

项目	面积/hm^2	比例/%
城镇村及工矿用地	13351.05	78.2
交通运输用地	2828.56	16.5
水域及水利设施用地	902.77	5.3
合计	17082.38	100

4. 生物资源

孝义市生物资源较少，常见的植物种类 93 科 437 种；其中菌类 5 科 5 种，蕨类植物 4 科 6 种，裸子植物 4 科 11 种，被子植物 80 科 415 种（包括双子叶植物 72 科 360 种和单子叶植物 8 科 55 种）。各科植物中，种类最多的是菊科、豆科、蔷薇科及禾本科，这 4 个科共有 154 种；其次是百合科、伞形科、唇形科、藜科、毛茛科、茄科等。在植物品种资源中，可供药用的植物有 160 种以上，粮食作物、油料作物和蔬菜作物更有多种。

此外，主要动物资源除昆虫外有 4 纲 17 目 28 科 49 种。其中哺乳动物 5 目 8 科 14 种，鸟纲 8 目 14 科 27 种，爬行纲 3 目 4 科 5 种，两栖纲 1 目 2 科 3 种。孝义市还有大量的昆虫，种类繁多。除野生动物外，全市还饲养了大量的猪、牛、羊、马、驴、骡、鸡和兔等。

5. 旅游资源

孝义市现存各级文物保护单位共计 149 处，其中国家级文物保护单位 1 处（中阳楼），省级文物保护单位 4 处，吕梁市文物保护单位 7 处，孝义市文物保护单位 137 处。

5.1.2　发展现状

5.1.2.1　社会发展现状

1. 行政区划

孝义市辖 7 镇 5 乡，379 个行政村，21 个居民委员会，行政区划见图 5.5。2010 年，孝义市人口 47.2 万人，城市人口 27 万人，主要集中于城区及兑镇镇、高阳镇及阳泉曲镇（均超过 4 万）一线，而城市边缘的南阳乡、杜村乡等乡镇人口相对稀少。2010 年孝义市人口统计见表 5.4。孝义市平均人口密度 492 人/km^2，高于山西省 220 人/km^2 和吕梁市 229 人/km^2 的水平。

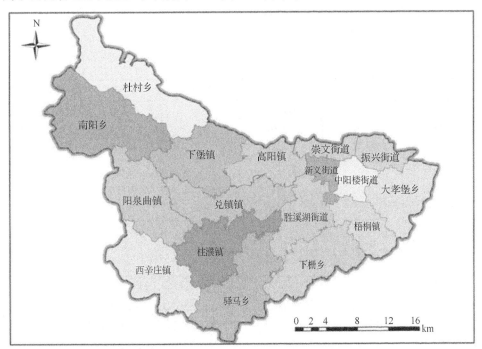

图 5.5　孝义市行政区划

孝义市胜溪湖街道于 2013 年 9 月由原胜溪湖办事处和东许办事处合并而成

表5.4　2010年孝义市人口统计　　　　　（单位：人）

乡镇	人口数量	乡镇	人口数量	乡镇	人口数量
新义街道	83283	梧桐镇	27927	柱濮镇	13929
兑镇镇	50360	中阳楼街道	27838	驿马乡	11905
高阳镇	40981	下堡镇	22206	东许办事处	11017
阳泉曲镇	40033	西辛庄镇	16699	杜村乡	10345
崇文街道	35783	下栅乡	15530	胜溪湖办事处	8783
大孝堡乡	32941	振兴街道	15478	南阳乡	7270

2. 城镇化水平

2010年孝义市城镇化水平高，为59.6%，高于同期山西省平均水平（48.05%）和全国平均水平（49.68%）。从表5.5来看，孝义市城镇化水平极为不均，市区范围的新义街道、崇文街道、胜溪湖办事处及中阳楼街道城镇化水平达到100%；高阳镇、兑镇镇及阳泉曲镇城镇化水平较高，在50%~56%；其他地区农业人口仍然较多，城镇化水平不足4%。

表5.5　2010年孝义市城镇化水平统计　　　（单位：%）

乡镇	城镇化水平	乡镇	城镇化水平	乡镇	城镇化水平
中阳楼街道	100	高阳镇	50	西辛庄镇	2.3
新义街道	100	下堡镇	3.3	东许办事处	2.2
崇文街道	100	梧桐镇	2.7	大孝堡乡	2.2
胜溪湖办事处	100	振兴街道	2.6	杜村乡	1.9
兑镇镇	55.7	南阳乡	2.5	下栅乡	1.8
阳泉曲镇	54.2	驿马乡	2.4	柱濮镇	1.6

3. 居民生活质量

2010年，孝义市人均GDP达5.5万元，高于同期山西省平均水平2.64万元和全国平均水平2.97万元；城镇居民人均可支配收入达1.66万元，高于同期山西省平均水平1.56万元；农民人均纯收入0.77万元，高于同期山西省平均水平0.39万元及全国平均水平0.59万元。城市和农村居民恩格尔系数分别为33.2%和34.72%，略好于全国平均水平36.3%，达到联合国粮食及农业组织对富裕水平的判定标准（小于40%）。

此外，2010年孝义市住房条件大为提高，城镇居民人均住宅建筑面积达到

40.56 m²，城中旧区、城中村的改造工作也积极开展；医疗体系不断健全，孝义市平均每千人拥有医生 5.2 人，每千人拥有床位 4.7 张，新型农村合作医疗参合率 99%，新型农村合作医疗覆盖率 100%；社会保障体系逐步完善，城镇基本社会保障覆盖率达到 85%；供气供热比例逐年提高，在 80% 以上；科教水平日渐提高，小学六年巩固率、初中三年保留率分别达到 99.9% 和 97%，高中阶段毛入学率达到 93.1%。

5.1.2.2 经济发展现状

1. 经济水平

孝义市历经"结构转轨、规模扩张、统筹发展"三个创业阶段，实现了"吕梁领先、三晋一流、中国百强"的三步跨越，经济总量快速增长，综合实力明显增强。2010 年，全市 GDP 达到 258.93 亿元，占吕梁市的 30.6%；财政总收入达到 50.01 亿元，占吕梁市的 25.5%；一般预算收入达到 16.46 亿元，占吕梁市的 22.6%；规模以上工业总产值达到 333.47 亿元，占吕梁市的 60.4%；社会消费品零售总额达到 66.81 亿元，占吕梁市的 30%；全社会固定资产投资达到 130.72 亿元，占吕梁市的 30%。综合经济实力稳居山西省县（市、区）第一。

孝义市在第十届全国县域经济基本竞争力百强县市评比中排名第 70 位，实现了连续 4 年赶超进位的目标，成为山西省唯一进入全国百强的县市，且在中部百强县市中排名第 4 位。孝义市先后被评为"中国可持续发展品牌市""中国产业发展能力百强县市"（名列第 35 位）、"中国现代服务业投资环境十佳县市"和"中国最具区域带动力百强县市"。

2. 经济结构

2010 年孝义市三产结构为 3.4∶60.4∶36.2。第二产业比例高，直接促进了孝义市经济发展水平的提高。第三产业发展程度低，仅占 GDP 总量的 36.2%，远低于中等发达国家 43% 的平均水平。

3. 经济布局

受地形限制，孝义市工业企业主要分布在东部平原区，形成工业围城之势。中西部山地丘陵地区是重点农林发展区，见图 5.6。

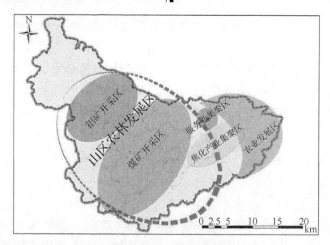

图 5.6 孝义市经济布局

5.1.3 发展回顾

5.1.3.1 发展战略回顾

1. "十五"期间城市发展战略

"十五"期间，孝义市发展迅速，以打造"三晋一流强市"为城市发展总体目标，国民经济发展方面，争取实现比"九五"末翻两番，全国县域经济综合实力排名快速提前；产业结构方面，调整不符合国家产业政策的各类工业项目，大上项目的同时，上大项目；农业投入稳步增加，大力建设城市基础设施，稳步提高人民生活水平，争取社会事业协调全面发展。

这一时期孝义市城市发展以大力发展经济、调整产业结构和建设基础设施为重点，取得了一系列显著的社会、经济成就。但由于采用"三高一低"（高投入、高消耗、高污染和低效益）的工业发展模式，同时生态环境保护不到位，该期间环境破坏严重，如地表水水质持续恶化，大量矿山植被被毁。因此，在保证经济增长的同时，注重产业结构优化调整和环境保护成为孝义市下一阶段的工作重点。

2. "十一五"期间城市发展战略

"十一五"期间，孝义市坚持加快发展的主题不动摇，大力统筹城乡发展、统筹经济社会发展，紧紧围绕创建全国百强县市、全国文明城市和区域性中心城市三大目标，实施开放兴市、民营兴市、科教兴市和可持续发展四大战略，建设开放型、文化型、节约型、环境友好型、社会和谐型新型城市，实现物质文明、政治文明、精神文明、社会文明的全面进步。

"十一五"期间,孝义市在循环经济建设、新农村建设、城镇化建设、生态环境建设等方面均取得了新的突破。在此发展的过程中,孝义市充分体会到环境与经济协调发展的重要性。由于环境污染和生态破坏,孝义市甚至遭遇了环保"区域限批"。基于此,孝义市痛下决心进行产业结构优化调整。到"十一五"末,孝义市传统主导产业优化调整已基本完成,并规划了 5 个产业园进行产业转移。"十一五"期间,孝义市还大力实施"碧水蓝天"计划,对市域内主要河流进行整治,加大植树造林力度,提高城镇生活污水收集、处理率等,生态环境质量有了较明显的改善。

5.1.3.2　社会发展回顾

"十一五"期间,孝义市社会事业发生了很大的改变,许多方面取得了长足进步。2005 年,孝义市市区面积 15.1km^2,常住人口超过 15 万人,城镇居民人均可支配收入 8510 元,农民人均纯收入 3817 元,总投资 1.75 亿元的城市污水处理厂、第三水厂、第二热源、气源等开工建设。到 2010 年,城市建成区面积拓展到 27km^2,2 个乡镇铺开新集镇建设,9 个社区化农民新区初具规模,67 个村实施新村庄建设,27 个村的村民喜迁新居。全市城镇人口达到 27 万,其中城区人口达到 21 万,城镇化水平达到 57.8%。2010 年城乡居民储蓄存款余额达到 191.64 亿元、社会消费品零售总额达到 66.81 亿元,五年翻了一番半;城镇居民人均可支配收入达到 16642 元,农民人均纯收入达到 7686 元,公教人员年平均工资达到 3.1 万元,均比"十五"末约翻了一番。城市集中供热、供气普及率分别达到 93%和 87%,城市生活污水、垃圾基本实现集中无害化处理。孝义市"十五"和"十一五"期间社会发展指标完成情况见表 5.6。

表 5.6　孝义市"十五"和"十一五"期间社会发展指标完成情况

	指标	单位	2005 年	2010 年
教育	小学六年巩固率	%	99.8	99.9
	初中三年保留率	%	99.1	97
	高中阶段毛入学率	%	59.3	93.1
公共服务	公共文化服务体系建设达标率	%	—	100
	县乡村三级医疗卫生机构达标率	%	60.8	98
	人均公共体育场地面积	m^2	0.91	1.51
交通基础设施	公路密度	km/100km^2	114	173.4
	通车里程	km	1074	1624
财政支出	财政对科技支出增速比	%	—	4.89
	财政对教育支出增速比	%	—	1.02
	财政对农业支出增速比	%	—	1.17

	指标	单位	2005 年	2010 年
医疗卫生	城镇基本社会保障覆盖率	%	—	85
	新型农村合作医疗参合率	%	—	99
	新型农村合作医疗覆盖率	%	—	100
	每千人拥有医生	人	2.79	5.2
	每千人拥有床位	张	3.52	4.7
安全生产	生产安全事故死亡人数	人	98	61
	亿元地区生产总值生产安全事故死亡人数	人	1.03	0.24
	煤炭生产百万吨死亡人数	人	0	0
人口及就业	人口自然增长率	‰	6.98	5.34
	城镇化率	%	51.4	56.72
	城镇登记失业率	%	2	3
居民收入	城镇居民人均可支配收入	元	8510	16642
	农民人均纯收入	元	3817	7686
	城镇占人口20%的低收入者收入	元	4040	8707
	农村占人口20%的低收入者收入	元	1768	2939
居住面积	城镇居民人均住宅建筑面积	m²	30.75	40.56
	农村居民人均住宅建筑面积	m²	31	37.65

5.1.3.3 经济发展回顾

"十五"时期，孝义市经济发展迅速，通过大上项目和上大项目，带动主要经济指标高速增长。2005 年，市 GDP 达到 95.8 亿元，比"九五"末翻两番多；年均增长 38.4%；财政总收入达到 17.62 亿元，五年翻三番多，跃居全省第二位；全国县域经济综合实力排名第 186 位，五年前移 622 位。

"十五"时期，孝义市经济结构调整取得显著成效。实施重点项目 252 项，概算投资 178 亿元；建成投产 143 项，完成投资 81 亿元；一批重点骨干项目投产达效。机焦产能突破 1000 万 t，矸石发电能力 138MW。投资 4.9 亿元的兖矿集团 30 万 t 甲醇项目开工建设。投资 5.6 亿元的欧罗福集团焦炉煤气综合利用项目正式奠基。铝矾土加工总量 150 万 t，高炉炼铁总量 300 万 t，钢铁产能 80 万 t。梧桐焦化工业园区被批准为省级经济开发区，年创利税 10 亿元。东许铸造工业园区隆华铸件一期 8 万 t 正式投产。大孝堡铝工业园区引进的浙江康瑞投资有限公司概算投资 75 亿元的 120 万 t 氢氧化铝项目一期工程立项。高阳农业科技示范园区投资超过 2 亿元，入园企业达到 10 个，被命名为"全国农副产品加工示范基地"。

　　"十一五"时期,孝义市遭遇了全国首例环保"区域限批",发生了"6·13"重大矿难,同时还受到全球金融危机的严重冲击,但经济发展依然取得了一系列成就。2010 年全市 GDP 达到 258.94 亿元,是"十五"末的 2.7 倍,年均增长 22%;财政总收入达到 50.01 亿元,是"十五"末的 2.8 倍,年均增长 23.2%;一般预算收入达到 16.46 亿元,是"十五"末的 3.5 倍,年均增长 28.3%;固定资产投资达到 130.72 亿元,比"十五"末增长 120.8%;经济综合实力位居全省县域前列,成为山西省唯一的中国百强县市,并逐年赶超进位,由第 96 位前移至第 70 位。

　　"十一五"时期,孝义市资源经济转型也取得明显成效,完成投资 149.3 亿元,131 个项目开工建设,64 个项目建成投产或部分投产。同时,千万吨级新型煤化工园区、高新科技产业园区、现代服务业集中示范区、现代农业园区等初具规模,产业集聚效应日益凸显,多元化产业体系逐渐形成。

　　总而言之,自"十五"以来,借助煤矿资源优势,孝义市经济取得一系列显著成就,但也依然存在一些不足。面临着国家要求加快转变经济增长方式的新形势,一方面,孝义市完成了传统支柱产业的优化调整,但总体而言,"一煤独大"的局面并未改变,"多元发展"的模式尚不成熟;另一方面,虽然三产的结构在逐渐调整(从"十五"末的 3.3∶70.6∶26.1 调整到"十一五"末的 3.4∶60.4∶36.2),但第二产业仍然占有绝对比重,由第三产业带动的新的经济增长点尚未形成。

　　孝义市"十五"和"十一五"期间经济发展指标完成情况见表 5.7。

表 5.7　孝义市"十五"和"十一五"期间经济发展指标完成情况

	指标	单位	2005 年	2010 年
孝义市 GDP 及人均 GDP	孝义市 GDP	万元	958010	2589374
	人均 GDP	元	22243	58529
第一产业产量	粮食总产量	万 t	9.96	12.2
第二产业产值	工业增加值	万元	604726	1514423
	工业新产品产值占规模以上工业总产值比重	%	—	0.3
第三产业产值	服务业增加值占全市 GDP 比重	%	26.1	36.2
	社会消费品零售总额	万元	202249	668060
社会投资	固定资产投资	万元	592001	1307197
财政收入	财政总收入	万元	176173	500078
	一般预算收入	万元	47316	164558

5.2　环境污染虚拟治理成本分析

虚拟治理成本是指目前排放到环境中的污染物按照现行的治理技术和水平全部治理所需要的支出。利用治理成本法估算虚拟治理成本的思路是：假设所有污染物都得到治理，则当年的环境退化不会发生；从数值上看，虚拟治理成本是环境退化价值的一种下限核算。

2010 年孝义市总的虚拟治理成本采用治理成本法计算，见式（5.1）～式（5.4）：

$$S = S_1 + S_2 + S_3 + S_4 + S_5 \qquad (5.1)$$

式中，S 为总虚拟治理成本；S_1 为工业废水虚拟治理成本；S_2 为生活废水虚拟治理成本；S_3 为大气污染虚拟治理成本；S_4 为工业固体废物虚拟治理成本；S_5 为生活垃圾虚拟治理成本。

污水虚拟治理成本=污水排放量×污水治理价格　　　　　　（5.2）

废气虚拟治理成本=废气排放量×废气治理价格　　　　　　（5.3）

固体废物虚拟治理成本=固体废物排放量×固体废物治理价格　（5.4）

根据《中国绿色国民经济核算研究报告 2004》，可以推算出 2004 年全国污染治理平均价格：工业固体废物 567.3 元/t，生活垃圾 65.4 元/t，工业废水 4.54 元/t，生活废水 2.08 元/t，烟粉尘 1512.8 元/t，SO_2 2500 元/t。考虑物价上升以及技术创新等因素，假定污染治理价格年均上升 2.75%，则 2010 年全国污染治理平均价格分别为：工业固体废物 667.6 元/t，生活垃圾 77 元/t，工业废水 5.3 元/t，生活废水 2.4 元/t，烟粉尘 1780.2 元/t，SO_2 2941.9 元/t。

根据孝义市 2010 年污染物实际排放量，通过公式计算得出总的虚拟治理成本为 118386.88 万元（表 5.8），占 2010 年孝义市 GDP 的 4.6%。2004 年，全国虚拟治理成本占当年 GDP 的 1.8%，2008 年该比例为 1.54%。

表5.8　2010 年孝义市环境污染虚拟治理成本

类别	排放量/万 t	治理价格/(元/t)	虚拟治理成本/万元
工业废水	1239.6	5.3	6569.88
生活废水	675	2.4	1620
SO_2	3.35	2941.9	9855.4
烟粉尘	3.34	1780.2	5945.9
工业固体废物	140	667.6	93464
生活垃圾	12.1	77	931.7
合计	—	—	118386.88

5.3 环境污染经济损失评估

环境污染所带来的各种损害，如对农产品产量、人体健康、生态环境等的损害，需要采用一定的定价技术，进行环境污染经济损失评估。与治理成本法相比，基于环境损害的估价方法（污染损失法）更具合理性，更能体现环境污染造成的环境退化成本。

5.3.1 大气污染损失

5.3.1.1 人体健康损失

流行病学研究发现空气污染和各种健康危害终端之间存在密切的关系，空气污染引发肺功能减退、呼吸道系统疾病、慢性支气管炎、心血管疾病和脑血管疾病等。本章只考虑目前研究较多的三种疾病（肺癌、肺心病和慢性支气管炎）的人体健康损失。

人体健康损失主要包括医疗费用、患者误工损失和陪护损失，具体计算公式为

$$V_1 = [P\sum T_i(L_i - L_{0i}) + \sum Y_i(L_i - L_{0i}) + P\sum H_i(L_i - L_{0i})]M \quad (5.5)$$

式中，V_1 为大气污染对人体健康造成的损失，单位为元；M 为污染覆盖区域的人口总数，单位为万人；P 为人力资本，单位为元/(a·人)；T_i 为 i 病患者工作时间损失（以 60 岁为退休年龄计），单位为 a/人；Y_i 为 i 病患者平均治疗费用，单位为元/人；H_i 为 i 病患者陪床人员务工时间，单位为 a/人；$L_i - L_{0i}$ 为发病率差值（污染区与清洁区患病率差值）。

根据孝义市环境空气质量现状，大气环境中超标污染物主要为 SO_2 和烟粉尘，故选取 SO_2 和烟粉尘作为影响人体健康的主要因素，并以城镇人口作为污染危害人群。

根据相关报告，2004 年就医的各种平均费用（保守数据）如下：肺癌为 2.3 万元/人，肺心病为 1.5 万元/人，慢性支气管炎为 0.5 万元/人。根据山西省 2005 年和 2010 年统计年鉴，2005 年山西省城市居民医疗保健支出 539 元/人，2010 年为 790 元/人，增长了 0.5 倍；农村居民的医疗保健支出由 103 元/人涨到 241 元/人，增长了 1.3 倍。综合考虑全市平均状况，假定肺癌、肺心病及慢性支气管炎治疗费用平均上升 80%，即 2010 年肺癌为 4.14 万元/人，肺心病为 2.7 万元/人，慢性支气管炎为 0.9 万元/人。此外，其他间接支出（损失）包括工作时间损失（肺癌 12a/人、肺心病 2a/人、慢性支气管炎 1a/人）和患者陪床人员务工时

间（肺癌 0.25a/人、肺心病 0.12a/人、慢性支气管炎 0.08a/人）。

通过计算可以得出 2010 年孝义市大气污染人体健康损失：肺癌为 0.16 亿元，肺心病为 4.26 亿元，慢性支气管炎为 1.74 亿元，合计 6.16 亿元（表 5.9）。

表 5.9　2010 年孝义市大气污染人体健康损失

项目	平均治疗费用/(万元/人)	陪床人员务工时间/(a/人)	工作时间损失/(a/人)	人力资本/[万元/(a·人)]	发病率差值/‰	污染区的人口总数/万人	人体健康损失/亿元
肺癌	4.14	0.25	12	5.5	0.0833	27	0.16
肺心病	2.7	0.12	2	5.5	11	27	4.26
慢性支气管炎	0.9	0.08	1	5.5	9.4	27	1.74
合计	—	—	—	—	—		6.16

注：污染区人口总数选择孝义市城镇人口，人力资本以孝义市 2010 年人均 GDP 计，发病率差值参考过孝民等（1990）的研究结果

5.3.1.2　农作物损失

对农作物伤害较大的大气污染物种类很多，如 SO_2、烟粉尘、光化学氧化剂、NO_x、乙烯、氯气、氨气等。这里仅讨论 SO_2 对农作物的影响造成的经济损失。

农作物损失计算公式为

$$V_2 = \sum \frac{M_i \times \alpha_i \times p_i}{1 - \alpha_i} \tag{5.6}$$

式中，V_2 为农作物损失，单位为元；M_i 为农作物 i 的污染区产量，单位为 t；α_i 为农作物 i 的减产率，单位为%；p_i 为农作物 i 的平均价格，单位为元/kg。

通过计算得出 2010 年孝义市大气污染造成的农作物损失为 3514.0 万元（表 5.10）。

表 5.10　2010 年孝义市大气污染农作物损失

类别	污染区产量/t	减产率/%	平均价格/(元/kg)	经济损失/万元
粮食	121994	10	2.1	2846.5
油料	327	10	1.6	5.8
蔬菜	14764	15	1.9	495.0
瓜果	4971	15	1.9	166.7
合计				3514.0

注：污染区产量来自孝义市 2011 年统计数据，平均价格为 2010 年的平均物价水平

5.3.1.3 降尘清理损失

1. 家庭清理误工损失

大气污染造成家庭清理费用增加，家庭清理误工损失的计算公式如下：

$$V_{31} = T \times H \times W \qquad (5.7)$$

式中，V_{31} 为家庭清理误工损失，单位为元；T 为清理增加的额外劳动时间，单位为天；H 为受污染的人数，单位为人；W 为每人每天的平均收入，单位为元/(天·人)。

据北京市调查，城市近郊区每人每年家庭清洗和清扫时间较远郊对照区多9天。保守估计孝义市由于空气污染造成的清理时间每年增加约10天。

由于孝义市大气污染主要在城镇，按照 2010 年城镇从业人员为 5.62 万人，人均年生产总值为 5.5 万元，计算得到家庭清理误工损失 0.85 亿元。

2. 车辆清洗费用的增加

降尘不仅使得家庭清洗费用增加，还使得车辆更容易变脏，清洗的周期缩短，增加了车辆清洗费用。车辆清洗费用的增加可用市场价格法进行计算：

$$V_{32} = m \times p \times \alpha \times \beta \qquad (5.8)$$

式中，V_{32} 为车辆清洗费用的增加值；m 为车辆数；p 为每次每辆清洗费；α 为车辆清洗次数的增加值；β 为修正系数。

根据烟台市的调查结果，降尘使得机动车清洗次数每年增加41次，机动车平均每次每辆清洗费按照 15 元计算。考虑孝义市的大气污染水平，在计算降尘带来的车辆清洗费用增加时，修正系数选取 1.1。2010 年，孝义市共有民用汽车70668辆，计算得到孝义市车辆清洗费用增加 0.48 亿元。

综合考虑家庭清理误工损失以及车辆清洗费用的增加，得到孝义市总的降尘清理损失为：$V_3 = V_{31} + V_{32} = 0.85 + 0.48 = 1.33$ 亿元。

5.3.1.4 建筑材料腐蚀损失

孝义市拥有较多的历史文物古迹，严重的大气污染使得这些文物古迹受到了不同程度的损害。由于建筑物，尤其是有文物保护价值的建筑物的价值很难估算，可以参考相关文献按当年建设工程投资的 2%～4%估算。2010 年孝义市建设工程投资总额为 10 亿元，根据孝义市大气污染现状，参考同类城市的损失系数，确定建筑材料腐蚀的损失系数为3%，得到建筑材料腐蚀损失（V_4）为0.3 亿元。

综合大气污染造成的人体健康损失、农作物损失、降尘清理损失及建筑材料腐蚀损失，得到 2010 年孝义市大气污染造成的损失约为 8.14 亿元。

5.3.2 水污染损失

5.3.2.1 人体健康损失

饮用水中的生物、化学污染物会对人体健康造成影响，包括通过饮水而使人群感染、发生急性或慢性中毒、通过水生食物链或污水灌溉、污染粮食和蔬菜等过程危害人群。流行病学研究认为所有饮用水污染物都与慢性或急性健康危害有联系。

孝义市饮用水调查资料较少，市域饮水主要取自西辛璧水源地和崇源头水源地，均为地下水源。根据 2009 年监测数据，两处水源地水质全部达到《地下水质量标准》（GB/T 14848—1993）Ⅲ类标准，达标率 100%。因此，本节不考虑市域内因饮用水导致的人体健康损失。

2010 年孝义市农村人口约 20.2 万人，多分布于孝义市西部山区和丘陵地区，这些区域受煤矿开采影响较大，农村居民生活用水可能会受到一定的影响。由于缺乏相关调查资料，本节假定一半的农村居民饮水受到影响，按10 万人计。

水污染导致人体健康损失采用和大气污染导致人体健康损失相同的计算方法，各种疾病污染区与清洁区发病率和死亡率的差值、医疗费用以及住院时间等借鉴温州调查资料。计算结果显示，2010 年孝义市水污染导致的人体健康损失（L_1）约为 2719.3 万元（表 5.11）。

表 5.11　2010 年孝义市水污染导致的人体健康损失

项目	平均治疗费用/(万元/人)	陪床人员务工时间/(a/人)	工作时间损失/(a/人)	人力资本/[万元/(a·人)]	发病率差值/10^{-5}	污染区的人口总数/万人	人体健康损失/万元
急性肠炎	0.6	0.05	0.05	5.5	67.64	10	77.8
细菌性痢疾	0.5	0.08	0.08	5.5	21.45	10	29.6
病毒性肝炎	1.2	0.02	1	5.5	69.36	10	472.3
肝癌	4	0.24	12	5.5	30	10	2139.6
合计	—	—	—	—	—	—	2719.3

5.3.2.2 农作物损失

农作物因水污染而导致的损失包括三个方面：农作物减产造成的经济损失、

农作物污染物含量过高造成的经济损失、营养品质降低造成的经济损失。

1. 农作物减产造成的经济损失

由于缺乏污灌区统计资料，综合考虑河流污染现状，假定污灌区农作物占全部产量的 10%。农作物减产造成的经济损失计算公式如下：

$$L_{21} = \sum \frac{M_i \times a_i \times p_i}{1 - a_i} \qquad (5.9)$$

式中，L_{21} 为农作物减产造成的经济损失；M_i 为农作物 i 污灌区产量；a_i 为农作为 i 的减产率；p_i 为农作物 i 的平均价格。

计算得 2010 年孝义市污灌区农作物减产造成的经济损失为 351.38 万元（表 5.12）。

表 5.12　2010 年孝义市污灌区农作物减产造成的经济损失

类别	总产量/t	污灌区产量/t	减产率/%	平均价格/(元/kg)	经济损失/万元
粮食	121994	12199	10	2.1	284.64
油料	327	33	10	1.6	0.59
蔬菜	14764	1476	15	1.9	49.49
瓜果	4971	497	15	1.9	16.66
合计	—				351.38

2. 农作物污染物含量过高造成的经济损失

根据全国污灌区调查结果，2010 年孝义市污染物超标的农作物比例：粮食 29%、油料 18%、蔬菜 27%、瓜果 27%。品质不合格的粮食和油料可以在工业生产中使用，其价值为品质合格的同类农作物的一半，品质不合格的蔬菜和瓜果则完全没有价值。因此，粮食和油料因污染而造成价值损失的系数取 0.5，蔬菜和瓜果因污染而造成价值损失的系数取 1。计算公式如下：

$$L_{22} = \sum M_i \times a_{2i} \times b_{2i} \times p_i \qquad (5.10)$$

式中，L_{22} 为农作物污染物含量过高造成的经济损失；M_i 为农作物 i 污灌区产量；b_{2i} 为农作物 i 污染物含量过高价值损失系数；a_{2i} 为农作物 i 污染物超标部分比例；p_i 为农作物 i 的平均价格。

计算得农作物污染物含量过高造成的经济损失为 473.2 万元（表 5.13）。

表 5.13　农作物污染物含量过高造成的经济损失

类别	总产量/t	污灌区产量/t	超标部分比例 （a_{2i}）/%	平均价格 /(元/kg)	价值损失系数 （b_{2i}）	经济损失/万元
粮食	121994	12199	29	2.1	0.5	371.5
油料	327	33	18	1.6	0.5	0.5
蔬菜	14764	1476	27	1.9	1	75.7
瓜果	4971	497	27	1.9	1	25.5
合计	—					473.2

3. 营养品质降低造成的经济损失

市场价格表明，污灌区农作物的价格一般比高品质的同类农作物的价格略低，粮食、油料的营养品质降低价值损失系数为 0.8，蔬菜、瓜果的营养品质降低价值损失系数为 0.7。计算公式如下：

$$L_{231} = \sum M_i \times a_{3i} \times b_{3i} \times p_i \tag{5.11}$$

$$L_{232} = \sum M_i \times (1 - a_{2i}) \times a_{3i} \times b_{3i} \times p_i \tag{5.12}$$

$$L_{23} = (L_{231} + L_{232}) / 2 \tag{5.13}$$

式中，L_{231} 为被污染农作物营养品质降低造成的经济损失；L_{232} 为未被污染农作物营养品质降低造成的经济损失；L_{23} 为农作物营养品质降低造成的经济损失；M_i 为农作物 i 污灌区产量；b_{3i} 为农作物 i 的营养品质降低价值损失系数；a_{2i} 为农作物 i 污染物超标部分比例；a_{3i} 为农作物 i 营养品质降低部分比例；p_i 为农作物 i 的平均价格。

由于营养品质降低的农作物可能含有，也可能不含有过量的污染物，取两种计算方法的平均值作为营养品质降低造成的经济损失。通过计算得到农作物营养品质降低造成的经济损失为(244.6+174.5)/2=209.55 万元（表 5.14、表 5.15）。

表 5.14　2010 年孝义市被污染农作物营养品质降低造成的经济损失（L_{231}）

类别	污灌区产量/t	营养品质降低部分比例 （a_{3i}）/%	营养品质降低价值损 失系数（b_{3i}）	平均价格/(元/kg)	经济损失/万元
粮食	12199	10	0.8	2.1	204.9
油料	33	10	0.8	1.6	0.4
蔬菜	1476	15	0.7	1.9	29.4
瓜果	497	15	0.7	1.9	9.9
合计	—	—	—	—	244.6

表 5.15　2010 年孝义市未被污染农作物营养品质降低造成的经济损失（L_{232}）

类别	污灌区产量/t	营养品质降低部分比例（a_{3i}）/%	营养品质降低价值损失系数（b_{3i}）	超标部分比例（a_{2i}）/%	平均价格/(元/kg)	经济损失/万元
粮食	12199	10	0.8	29	2.1	145.5
油料	33	10	0.8	18	1.6	0.3
蔬菜	1476	15	0.7	27	1.9	21.5
瓜果	497	15	0.7	27	1.9	7.2
合计	—	—	—	—	—	174.5

综合以上三个方面可以得出 2010 年孝义市水污染造成的农作物损失：

$$L_2 = L_{21} + L_{22} + L_{23} = 351.38 \text{ 万元} + 473.2 \text{ 万元} + 209.55 \text{ 万元} = 0.103 \text{ 亿元}$$

5.3.2.3　供水额外成本

1. 污染型缺水损失

根据 2008 年水利部和环境保护部的判断，在地表水资源开发利用率低于 40% 的流域，人们过量开采地下水资源的原因可以视为地表水资源污染太严重，已经不能使用。这种情况可以假设污染型缺水量等于地下水资源的超采量。

2008 年孝义市地表水资源开发利用程度为 36.4%（低于 40%），可认为地下水超采是由地表水污染太严重导致的，污染型缺水量等于地下水超采量 1837 万 m^3。

按万元 GDP 耗水量对污染型缺水损失进行折算。2010 年孝义市单位水量的 GDP 损失取 60 元/m^3，计算得到孝义市污染型缺水损失为 11 亿元。

2. 城市供水额外治理成本

2010 年孝义市所有河流、水库水质均较差，河流、水库污染必然增加饮用水和工业用水的处理费用。如果将污水作为城市用水供应，必须先对污水进行治理。孝义市污水处理费收费标准为 1.2 元/m^3，本节计算额外治理成本选取 1.20 元/m^3。

工业用水额外治理成本：2010 年孝义市工业用水 0.3 亿 m^3，按照 1.2 元/m^3 计算，工业用水额外治理成本为 0.36 亿元。

生活用水额外治理成本：2010 年生活用水 0.1 亿 m^3，按照 1.2 元/m^3 计算，生活用水额外治理成本为 0.12 亿元。

城市供水额外治理成本：$L_{32} = 0.36 + 0.12 = 0.48$ 亿元。

综合污染型缺水损失以及城市供水额外治理成本两项，可以得到 2010 年孝义市供水额外成本：$L_3 = L_{31} + L_{32} = 11 + 0.48 = 11.48$ 亿元。

5.3.3 固体废物占地损失

2010 年，孝义市工业固体废物外排量达 698 万 t。按照每人每天 1.213kg 来计算，2010 年孝义市生活垃圾产生量为 20.89 万 t。

根据烟台的案例，各种固体废物的占地系数为：粉煤灰 0.51m²/t、尾矿 1.078m²/t。这里取平均值 0.794m²/t。由于缺少统计数据，类比《2004 中国绿色国民经济核算研究报告》中的数据，可以推算得到生活垃圾的占地系数大约为 0.27m²/t。土地的机会成本约为 20.4 元/m²。

通过计算可以得到，孝义市工业固体废物占地面积约 554.2 万 m²，丧失土地机会成本约 1.13 亿元；生活垃圾占地约 5.64 万 m²，丧失土地机会成本 0.0115 亿元。

固体废物占地总的经济损失约为：1.13+0.0115=1.14 亿元。

5.3.4 生态破坏损失

孝义市生态环境破坏严重，突出表现为全市的水土流失严重以及矿产资源开发导致的地表塌陷。

水土流失治理费用可以用造林种草、坡地梯田化等治理费用以及治理后的管理费用来估算。由于现有水土流失面积的一半可以彻底治理，另一半只要停止人为干扰就可自行恢复，因此按水土流失面积的 50%计算治理费用。2010 年孝义市全市水土流失面积 586km²，平均 1km² 水土流失土地需 3 万元治理费用，采用恢复费用法计算，水土流失治理费用需 0.088 亿元。另外，据统计，2010 年孝义市地表裂缝和塌陷面积达 260 万 m²，丧失土地机会成本 0.53 亿元。

2010 年孝义市生态破坏损失约为 0.61 亿元。

5.3.5 环境污染经济损失综合评估

根据 2010 年孝义市环境污染的状况，本章采用人力资本法、机会成本法、直接市场评价法、成果参照法以及类比分析法等对孝义市的环境污染进行粗略的估算，总结大气污染、水污染、固体废物占地以及生态破坏损失的计算结果如下：

大气污染损失：$V = V_1 + V_2 + V_3 + V_4 = 6.16+0.35+1.33+0.30=8.14$ 亿元；

水污染损失：$L = L_1 + L_2 + L_3 + L_4 = 0.27+0.10+11.48=11.85$ 亿元；

固体废物占地损失：1.14 亿元；

生态破坏损失：0.61 亿元。

环境污染经济损失共计 21.74 亿元，占 2010 年孝义市 GDP 的 8.4%。

孝义市环境污染经济损失与环境污染虚拟治理成本综合分析如下：

（1）从环境污染虚拟治理成本角度来看，2010 年孝义市排放的污染物虚拟治理成本约为 11.8 亿元，占 2010 年孝义市 GDP 的 4.6%。核算方法仅考虑废气、废水、固体废物主要污染物的治理费用，未考虑生态修复应有的资金投入。

（2）从环境污染经济损失评估来看，孝义市 2010 年环境污染经济损失约 21.74 亿元，占 2010 年孝义市 GDP 的 8.4%。核算方法考虑了人体健康损失、农作物损失、降尘清理损失、建筑材料腐蚀损失、供水额外成本、固体废物占地损失及生态破坏损失等方面，虽然未能全面考虑环境污染造成的损失，但是相比于虚拟治理成本更能体现污染造成的环境退化成本。

（3）从虚拟治理成本的角度及环境污染经济损失的角度来看，2010 年孝义市环境污染造成了 10 亿甚至 20 亿的经济损失，但是 2010 年孝义市的环保投入仅为 1.12 亿，只占 2010 年孝义市 GDP 的 0.43%，远远达不到要求，必须进一步提高环保投入，改善环境。

第 6 章　环境影响经济损益分析在北京市空气污染居民健康风险评价中的应用

6.1　城市空气污染基本情况介绍

伴随着快速工业化和城镇化，我国许多城市的空气质量都呈现出恶化趋势，空气重污染事件频发，影响范围越来越广，包括北京在内的我国多个城市都曾经出现在世界十大空气污染城市名单之中。空气污染对人体健康和社会经济的危害日趋显著。受不利天气和污染排放增加等多重因素的影响，包括北京市在内涉及我国中东部 130 多万 km^2 的严重雾霾污染事件，更是引起了全社会对大气环境污染及其健康损害的空前关注。短期高浓度的空气污染对人体健康影响严重，20 世纪著名的世界公害事件，如比利时马斯河谷工业区 4 日内 SO_2 污染事件、美国宾夕法尼亚州多诺拉镇 1948 年 6 日内 SO_2 以及粉尘污染事件、20 世纪 40 年代初美国洛杉矶光化学烟雾事件、1952 年英国伦敦 4 日内烟雾事件中，大气污染物高浓度暴露水平，引起了不同程度的居民急性死亡、喉痛、咳嗽、呼吸困难等大气污染性疾病，并致使多人患上支气管炎、冠心病、肺结核乃至癌症。定量评估高浓度 $PM_{2.5}$ 暴露下的居民健康风险及损害价值，提出空气重污染事件的健康预警和应急措施具有重大意义。

健康风险评估目前多采用危险度评价方法，通过评价主要污染物每增高一个单位所产生的健康损失，定量表征污染物浓度变化产生的人体健康效应，暴露-反应关系连接了大气质量变化和健康终点的变化，是定量评价大气污染对人体健康危害的关键。国内外学者针对多种呼吸系统、心脑血管系统疾病的发病率、就诊人数与 PM_{10}、SO_2 和 NO_2 等主要空气污染物之间的暴露-反应关系开展了一系列研究，初步获取了主要污染物暴露水平与老年人、儿童等特定敏感人群相关疾病的发病率和死亡率之间的相关关系。国内学者目前在上海、香港、武汉、广州、西安和北京等地分别开展了 PM_{10}、$PM_{2.5}$ 暴露对城区居民健康影响的相关研究。但是，针对突发性空气重污染事件的人群健康风险评价和健康预警研究在国内外均属鲜见。

在人群健康风险评估基础上，大气污染导致的居民健康经济损失的评估多以年作为时间尺度，本章主要对北京市 2000～2004 年以及 2006 年和 2009 年大气污染导致的居民健康经济损失进行评估。这些评估大多采用疾病成本法、人力资本法、支付意愿法等。国内许多地区，包括兰州、重庆、天津、江苏、贵州、上海、九江和南宁等均开展了针对大气污染的人群健康支付意愿调查。

受能源消费和机动车数量快速增长的影响，北京市空气质量较差，在世界卫生组织 2011 年公布的全球 91 个国家 1100 个城市空气质量排名中占第 1036 位。北京市严重污染日占到每年天数的 6%且有增加的态势，主要空气污染物 PM$_{2.5}$ 长期超标，灰霾问题日趋严重。因此，对北京市短期的高浓度空气污染健康风险进行识别、评估与防控极有必要。

以 2013 年 1 月 10～15 日的严重雾霾污染事件为背景，本章选择北京市常住人口作为评估样本，并利用主要污染物 PM$_{2.5}$ 逐日浓度数据，定量评估连续 6 日高浓度 PM$_{2.5}$ 暴露下的居民健康风险，并对潜在的健康损害进行价值估算，以期为改进和完善针对空气重污染事件的健康预警和应急措施提供依据。本章选取北京市环境保护局每日公布的 23 个大气环境监测站点空气质量数据。考虑数据年份的可获得性和统一性，人口及居民健康终点的发病率、死亡率统一以 2011 年数据为准，暴露人群选取北京市公共卫生信息中心公布的全市分区县常住人口。实际死亡率以及其他健康终点的基准发生率分别从《北京市卫生事业发展统计公报》《中国卫生统计年鉴》和《北京市年度卫生与人群健康状况报告》中获得。评估的参考浓度选取 WHO 制定的健康浓度指导值，PM$_{2.5}$ 日均浓度为 25μg/m^3。

6.2　居民健康空气污染暴露风险评价方法

连续多日高浓度 PM$_{2.5}$ 暴露下的居民急性健康风险采用空气污染流行病学研究中应用较广的泊松回归模型评价，公式如下：

$$E = \exp\left[\beta(c-c_0)\right]E_0 \tag{6.1}$$

$$\Delta E = P(E-E_0) = P\left[1-\frac{1}{\exp\left[\beta(c-c_0)\right]}\right]E \tag{6.2}$$

式中，c 为实际暴露浓度；c_0 为参考浓度；E 为实际暴露浓度下的居民健康效应，即健康终点的基准发生率；E_0 为参考浓度下的居民健康效应；ΔE 为实际暴露浓度与参考浓度下居民健康效应之差，即由于 PM$_{2.5}$ 浓度变化带来的居民健康效应变化量；P 为居民数量；β 为暴露-反应关系系数。E 和 E_0 常以发病率或死亡率表示。

定量评估大气污染引起的健康损害并进行货币化估算是环境保护措施费用-效益分析的基础，对加强政府的大气污染治理力度具有重要意义。高浓度 PM$_{2.5}$

暴露引发的各种相关疾病所造成的经济价值损失采用疾病成本法估算，基本计算
公式为

$$c_i = (c_{pi} + \mathrm{CDP_p} \times T_{Li}) \times \Delta I_i \qquad (6.3)$$

式中，c_i 为 PM$_{2.5}$ 对健康终点 i 造成的疾病总成本；c_{pi} 为健康终点 i 的单位病例的
治疗成本；$\mathrm{CDP_p}$ 为北京市国内生产总值的每日人均值；T_{Li} 为健康终点 i 导致的
误工时间；ΔI_i 为健康终点 i 因 PM$_{2.5}$ 污染导致的健康效应变化量。

设定北京市常住人口为 2018.6 万人，人口年总死亡率为 5.9‰，其中心血管
疾病死亡率为 2.7459‰，呼吸系统疾病死亡率为 0.6214‰。北京市医疗卫生机构
总住院率为 9.9475%，其中呼吸系统疾病住院率占总住院率的 12.86%，心血管疾
病住院率占总住院率的 9.94%。因此，呼吸系统疾病住院率为 1.279%，心血管疾
病住院率为 0.989%。针对 PM$_{2.5}$ 与相关健康终点的暴露-反应系数，结合北京市实
际情况，表 6.1 提取了各健康终点基准发生率（E）、PM$_{2.5}$ 污染暴露-反应关系系
数（β）及其 95%置信区间。

表 6.1　北京市主要健康终点的 PM$_{2.5}$ 污染暴露-反应关系系数和基准发生率

	健康终点	β（95%置信区间）/%	E/‰
早逝	总死亡	0.40(0.19,0.62)	0.0161644
	呼吸系统疾病死亡	1.43(0.85,2.01)	0.0017025
	心血管疾病死亡	0.53(0.15,0.9)	0.0075230
住院	呼吸系统疾病	1.09(0,2.21)	0.0350411
	心血管病	0.68(0.19,0.62)	0.0270904
门诊	儿科（0~14 岁）	0.56(0.2,0.9)	0.4191781
	内科（15 岁以上）	0.49(0.27,0.7)	1.1261644
患病	急性支气管炎	7.90(2.7,13)	0.1041096
	哮喘	2.10(1.45,2.74)	0.1536986

注：β 为 PM$_{2.5}$ 浓度每增加 10μg/m³ 导致的人群发病率和死亡率增加的百分数。E 是通过将年死亡率和发病率
统计值折算成日均死亡率和发病率来获取

6.3　居民健康空气污染暴露风险经济价值核算

居民健康空气污染暴露风险经济价值核算选择与 PM$_{2.5}$ 相关的急性健康终点，
包括哮喘、急性支气管炎、呼吸系统疾病、心血管疾病、内科及儿科门诊。其中
呼吸系统疾病住院不包括哮喘、急性支气管炎患病住院，门诊包括儿科与内科诊

问，主要估算不同年龄阶段人群访问次数。

考虑健康的单位经济损失评估方法多样，且不同的评估方法结果不同，基于各健康终点居民健康经济损失基本数据的可获得性，本节综合年鉴分析、相关统计数据及近年关于空气污染导致的居民健康损害（包括疾病和早逝）的经济价值评估研究结果（表 6.2）进行计算。

表 6.2　相关研究中北京市空气污染导致的急性健康终点单位损害经济成本评估结果

年份	早逝/(万元/例)	患病/(万元/例)		门诊/(万元/例)	住院/(万元/例)	
		急性支气管炎	哮喘		心血管疾病	呼吸系统疾病
2004	112.1	—	231.8	—	13463.3	6648.8
2006	100.0	—	300.0	—	10400.0	6700.0
2009	—	4186.8	322.0	—	15028.9	
2010	110.0	—	519.7	—	8906.5	6088.0
	168.0	2500.1	515.7	1840.3	16959.1	

注：2010 年第一行数据来源于"Co-benefits from Energy Policies in China"，根据预计减少的病例数和预计节约的治疗费用计算得出，美元汇率取 6.77；2010 年第二行数据来源于《京津冀地区控制 $PM_{2.5}$ 污染的健康效益评估》

为评估不同健康终点的经济损失，本节依据北京市人均 GDP 增长率和 2012 年人均可支配收入将表 6.2 中不同研究年份的研究成果最终修正为 2012 年相关健康终点的单位损害经济成本，同时对不同健康终点的单位损害经济成本进行纵向比较，取其中的高、中、低经济成本作为本章的基础数据（表 6.3），以便更全面地进行评估。

表 6.3　2012 年北京市空气污染导致的急性健康终点单位损害经济成本

	早逝/(万元/例)	患病/(万元/例)		门诊/(万元/例)	住院/(万元/例)	
		急性支气管炎	哮喘		心血管疾病	呼吸系统疾病
高	238.80	0.52	1.06	0.06	2.87	1.86
中	181.40	0.29	0.64	0.05	1.95	1.42
低	126.50	0.27	0.21	0.04	1.02	1.06

根据北京市主要监测点位 2013 年 1 月 10～15 日 $PM_{2.5}$ 日均浓度变化情况，10 日和 11 日全市 $PM_{2.5}$ 浓度逐渐增高，并在 12 日和 13 日达到峰值；尤其是在 12 日，东城区、西城区、朝阳区、丰台区、石景山区、大兴区、通州区的监测浓度均超过了最高标准限值 $500\mu g/m^3$，最高值出现在通州区（$788\mu g/m^3$），其次是朝阳区（$768\mu g/m^3$）；13 日，主城区 $PM_{2.5}$ 浓度有所下降，郊区如昌平

区（城市清洁对照点）、顺义区、平谷区、密云区、怀柔区和延庆区等 $PM_{2.5}$ 浓度有所上升；此后由于较强冷空气来临，14 日 $PM_{2.5}$ 浓度出现明显下降，15 日部分地区降至二级标准限值（ $75\mu g/m^3$ ）左右。在整个研究时段内，市区 $PM_{2.5}$ 逐日平均浓度为 $306.57\mu g/m^3$ ，郊区为 $283.89\mu g/m^3$ ，分别为二级标准限值的 4.09 倍和 3.79 倍。

通过将研究时段内北京市主要城区常住人口数据、 $PM_{2.5}$ 浓度、急性健康终点基线数据、暴露-反应关系系数等代入评价模型，计算可得雾霾重污染期间全市居民针对 $PM_{2.5}$ 持续高浓度暴露的急性健康效应（表 6.4）。为避免重复计算，评价过程中将不同健康终点的次日影响人数减去前一日受影响人数，作为逐日累积的健康受损人数。通过计算可知，研究时段内 $PM_{2.5}$ 高水平暴露下北京市居民健康风险显著增大，受危害总数 43000 余例［95%置信区间(24766,57332)］，受危害人数占常住总人口的 2.2‰。其中，总死亡 201 例［95%置信区间(99,300)］，呼吸系统疾病住院 1055 例［95%置信区间(0,1805)］，心血管疾病住院 544 例［95%置信区间(360,715)］，儿科门诊 7095 例［95%置信区间(2700,10764)］，内科门诊 16880 例［95%置信区间(9670,23260)］，急性支气管炎 10132 例［95%置信区间(6116,11375)］，哮喘发病 7643 例［95%置信区间(5820,9114)］。

研究时段内居民健康损失的经济价值可在表 6.4 的基础上，结合表 6.3 各健康终点的单位损害经济成本计算得出。

根据表 6.5，研究时段内北京市居民健康经济损失均值约为 4.89 亿元［95%置信区间(2.04,7.49)］，约占北京市 2012 年 GDP 的 0.275‰［95%置信区间(0.140‰,0.395‰)］。其中，对应高、中、低这 3 个评估标准，居民健康损害经济价值分别为 6.69 亿元［95%置信区间(3.44,9.58)］、4.84 亿元［95%置信区间(2.46,6.98)］和 3.15 亿元［95%置信区间(1.58,4.57)］。结合我国空气环境标准进行超标期间居民健康影响及相关经济损失分析得出，重污染期间， $PM_{2.5}$ 日均浓度在《环境空气质量标准》（GB 3095—2012）二级标准限值 $75\mu g/m^3$ 基础上每升高 $10\mu g/m^3$ ，将会造成北京市常住居民早逝增加 8 例，呼吸系统疾病住院增加 41 例，心血管疾病住院增加 21 例，儿科门诊增加 277 例，内科门诊增加 659 例，急性支气管炎患病增加 396 例，哮喘患病增加 299 例，共增加 1701 例；相应增加健康经济损失约为 1914.7 万元，其中早逝损失为 1434.0 万元，呼吸系统疾病住院损失为 59.7 万元，心血管疾病住院损失为 41.5 万元，儿科门诊损失为 13.9 万元，内科门诊损失为 33.0 万元，急性支气管炎患病损失为 142.5 万元，哮喘患病损失为 190.1 万元。

表 6.4　2013 年 1 月 10 日～15 日持续高浓度 PM$_{2.5}$ 暴露下北京市居民健康风险评估结果

行政区域	人口基数/万人	早逝/例			住院/例		门诊/例		患病/例	
		总死亡/例	呼吸系统疾病	心血管疾病	呼吸系统疾病	心血管疾病	儿科	内科	急性支气管炎	哮喘
东城区	91.0	10 (5,14)	3 (2,4)	6 (2,9)	50 (0,85)	26 (17,34)	340 (130,514)	809 (465,1113)	469 (289,522)	362 (277,430)
西城区	124.0	13 (6,19)	4 (3,5)	8 (2,12)	67 (0,115)	35 (23,46)	454 (173,688)	1081 (620,1489)	631 (388,702)	486 (371,578)
朝阳区	365.8	38 (19,57)	12 (8,15)	23 (7,37)	201 (0,340)	104 (69,136)	1353 (517,2046)	3221 (1849,4430)	1867 (1149,2078)	1441 (1102,1711)
海淀区	340.2	30 (14,44)	10 (6,13)	18 (5,29)	159 (0,279)	81 (53,107)	1048 (393,1608)	2487 (1413,3452)	1673 (956,1908)	1180 (884,1426)
丰台区	217.0	24 (12,35)	7 (5,9)	14 (4,22)	122 (0,206)	64 (42,83)	829 (318,1250)	1976 (1137,2712)	1111 (693,1234)	872 (0670,1032)
石景山区	63.4	7 (3,10)	2 (1,3)	4 (1,7)	36 (0,61)	19 (13,25)	247 (95,372)	589 (339,807)	327 (205,364)	258 (199,305)
门头沟区	29.4	2 (1,4)	2 (0,2)	1 (0,2)	13 (0,23)	6 (4,9)	83 (31,129)	197 (112,275)	143 (79,164)	96 (71,117)
房山区	96.7	10 (5,15)	3 (2,4)	6 (2,10)	54 (0,93)	28 (18,37)	365 (138,554)	867 (496,1197)	509 (316,559)	395 (300,470)
通州区	125.0	16 (8,24)	16 (8,24)	10 (3,15)	82 (0,133)	43 (29,56)	566 (220,843)	1353 (785,1842)	659 (444,714)	567 (444,660)
顺义区	91.5	9 (4,13)	3 (2,4)	5 (2,8)	46 (0,80)	24 (16,31)	307 (116,469)	729 (416,1009)	461 (273,518)	339 (356,407)
昌平区	173.8	12 (6,19)	4 (3,6)	8 (2,12)	68 (0,122)	34 (22,46)	445 (166,687)	1054 (596,1469)	791 (423,936)	516 (382,630)

续表

行政区域	人口基数/万人	总死亡/例	早逝/例		住院/例		门诊/例		患病/例	
			呼吸系统疾病	心血管疾病	呼吸系统疾病	心血管疾病	儿科	内科	急性支气管炎	哮喘
大兴区	142.9	18 (9,27)	6 (4,7)	11 (3,7)	92 (0,152)	48 (32,63)	633 (245,948)	1511 (873,2064)	769 (508,831)	646 (503,757)
怀柔区	37.1	3 (1,4)	1 (1,1)	2 (1,3)	16 (0,28)	8 (5,10)	101 (38,156)	240 (136,335)	177 (96,206)	117 (87,143)
平谷区	41.8	4 (2,6)	1 (2,6)	3 (1,4)	22 (0,38)	11 (7,15)	148 (56,225)	351 (201,485)	209 (128,233)	160 (122,191)
密云区	47.1	3 (2,5)	1 (1,2)	2 (1,3)	19 (0,34)	9 (6,13)	122 (45,189)	289 (163,403)	217 (117,253)	142 (105,174)
延庆区	31.9	2 (1,2)	1 (0,1)	1 (0,2)	8 (0,16)	4 (3,6)	54 (20,84)	126 (71,178)	119 (55,152)	66 (48,83)
全市	2018.6	201 (99,300)	76 (42,82)	122 (37,193)	1055 (0,1805)	544 (360,715)	7095 (2700,10764)	16880 (9670,23260)	10132 (6116,11375)	7643 (5820,9114)

注：表中区间为95%置信区间

表 6.5　2013 年 1 月 10 日～15 日持续高浓度 PM$_{2.5}$ 造成的北京市居民健康经济损失

健康终点		健康受损人数/人	居民健康经济损失/万元		
			高	中	低
	早逝	201 (99,300)	47999 (23641,71640)	36455 (17956,54411)	25427 (12524,37950)
住院	心血管疾病	1055 (0,1805)	3031 (0,5180)	2059 (0,3520)	1077 (0,1841)
	呼吸系统疾病	544 (360,715)	1014 (670,1330)	774 (511,1015)	578 (382,758)
门诊	儿科	7095 (2700,10764)	426 (162,646)	369 (140,560)	28 (11,43)
	内科	16880 (9670,23260)	1013 (580,1396)	878 (503,1210)	68 (39,93)
患病	急性支气管炎	10132 (6116,11375)	5269 (3180,5915)	2938 (1774,3299)	2736 (1651,3071)
	哮喘	7643 (5820,9114)	8120 (6169,9661)	4892 (3725,5833)	1605 (1222,1914)
合计		—	66852 (34430,95768)	48365 (24608,69847)	31518 (15828,45670)

注：表中区间为 95%置信区间

研究时段内北京市居民急性健康风险显著增大，常住居民中受影响病例 43000 余例［95%置信区间(24766,57332)］，即北京市 2000 多万常住人口中，每 1000 人中就有 2～3 人的健康遭受急性损害。其中，早逝 201 例，心血管疾病和呼吸系统疾病住院分别为 1055 例和 544 例，儿科和内科门诊分别为 7095 例和 16880 例，急性支气管炎和哮喘发病分别为 10132 例和 7643 例。高浓度 PM$_{2.5}$ 暴露导致的居民健康经济损失近 5 亿元，约占北京市 2012 年 GDP 的 0.275‰［95%置信区间(0.140‰,0.395‰)］。早逝与急性支气管炎、哮喘是健康损失的主要来源，三者占总损失的 90%以上。高浓度 PM$_{2.5}$ 重污染期间，内科门诊量和急性支气管炎的患病人数可能激增，哮喘发病人数和儿科门诊量也会有大幅增加，短期内会对全市主要医疗机构造成较大压力。对此，建议加大社区医疗单位的应急能力建设并加强事前准备能力，不仅可以降低重污染期间全市主要医疗单位的门诊压力，而且可加快对老人、儿童等需要协助就医的易感人群的医疗处置，减少居民患病就医的交通出行量和距离，进一步提高重污染期间医疗应急和健康防护的总体效果。

第 7 章　环境影响经济损益分析在典型建设项目环境影响评价中的应用

7.1　煤炭建设项目

本节以内蒙古自治区鄂托克前旗上海庙能源化工基地长城一号（年产 60 万 t）煤矿项目为例，介绍环境影响经济损益分析在煤炭建设项目环境影响评价中的应用。

7.1.1　行业概况

煤炭行业对国民经济发展起到重要的支撑作用，我国超过 70% 以上的经济产业的运转都需要能源供给来支撑，而煤炭占我国一次性能源的比重超过 60%，在未来很长一段时间内煤炭将依然是我国重要的能源。

我国是煤炭大国，煤炭的产量、储量及消费量都居世界前列，煤炭开采和加工的外部不经济性，对环境造成了严重的污染与破坏，对社会造成了一定的经济损失。煤炭开采过程中产生的废气、废水和固体废物破坏了生态平衡。总体来说，煤炭开采对生态环境的影响可分为两方面：一是非生态类影响，指煤矿生产排污对环境的影响，主要表现为废气、废水、废渣排放对环境的污染，如锅炉烟气、储煤场扬尘、煤炭加工粉尘、矿井水、煤矸石等；二是生态类影响，指煤炭开采过程中，地下煤层的回采引起上覆岩层的变形、破断与沉降，一方面会使地表土壤、土地资源受到破坏，另一方面会使上覆岩层中含水层受到破坏，进而导致区域生态系统退化。

煤炭开采对生态环境的影响以生态类影响为主，影响主要集中在运营期，建设期及退役期对生态环境的影响较小。不同时期煤炭开采对生态环境的影响如表 7.1 所示。

表 7.1　煤炭开采的生态环境影响

影响受体		建设期	运营期	退役期
生态类	土地占用	施工过程中的临时占地；矿区配套设施，如居住区、道路等对土地的占用	露天煤矿挖损土地、形成外排土场；煤矸石等固体废物的堆存等占用土地	矸石堆等固体废物堆放占用土地

影响受体		建设期	运营期	退役期
生态类	地表沉陷	—	煤矿被挖掘采动后，采空区应力下降，矿体顶板上覆岩层在重力的作用下变形、位移和塌落，延伸至地面而造成地表沉陷	—
	土壤侵蚀	—	露天采矿会挖损大量土地，井工开采则会导致大面积的土地沉陷，地面沉降、塌陷等又会引起一系列地表变形和破坏，使表土性状改变，造成土壤侵蚀	—
	生物资源损害	临时占地会破坏地表植被，较易恢复；矿区配套设施占地破坏原有植被	煤炭开采对地表植被、生物生存环境或栖息地造成破坏；地表塌陷等对地表结构与水资源产生影响，进而对地表生物造成影响；煤炭开采对矿区及周围环境造成污染，使生物减少甚至灭绝	修复过程中人为引入外来物种，原有物种大量灭绝，使矿区生物物种单一，生态系统退化
	水资源破坏	—	煤矿开采改变地表径流的走向，造成地表水和地下水补给困难；煤矿开采导致塌陷，地表土质松散，使地表水和地下水下渗产生区域性的资源流失；大量矿坑水被排出使深层地下水总量减少	—
非生态类	大气环境	工程建设过程中因为运输等原因引起的扬尘、尾气污染	锅炉燃煤产生的 SO_2、CO_2、NO_x 等气体，矸石山及煤炭在储存运输时产生的污染物质，井下开采产生煤层气等造成的大气环境污染	—
	水环境	生活废水与建筑废水的排放对水环境的影响。建筑废水主要为混凝土搅拌、养护和浇筑过程中产生的废水，主要污染物为悬浮固体（suspended solids，SS），一般可回收利用，影响较小	井下排出的工业废水与工业场地生产、生活废水等部分汇入地表径流；堆放的煤矸石经大气降水的淋溶和冲刷将煤矸石中的一些有毒有害物质溶解，形成具有污染性的地表径流或下渗污染地下水质	堆放的煤矸石经大气降水的淋溶和冲刷将有毒有害物质溶解，污染水环境
	土壤环境	—	井下排出的工业废水、工业场地生产、生活废水等有部分渗入土壤，对土壤环境造成污染；堆放的矸石山在雨水淋溶作用下，其有害物质（如重金属元素等）对土壤环境造成污染	堆放的矸石等固体废物在雨水淋溶作用下，其有害物质（如重金属元素等）对土壤环境造成污染
	声环境	—	主副井提升系统的提升绞车、通风机、锅炉房内的鼓风机和引风机、压风机房的空气压缩机、坑木加工房、泵房等各类机械设备运行时产生的噪声，均属固定性声源。选煤厂噪声源主要为破碎车间、主厂房等	—

7.1.2 项目概况

内蒙古自治区鄂托克前旗上海庙能源化工基地长城一号煤矿项目（以下简称长城一号煤矿项目），规划煤炭产能 60 万 t/a，矿井田面积为 1.206km^2，主要开拓方式为斜井式。项目各时期对生态环境产生的主要影响如下：

1. 建设期

建设期约 8 个月，不涉及水域。主要生态环境影响为平整土地、修路等活动对耕地和草地的占用，面积约为 164.04km^2。生产、生活污水水量较小，且统一收集处理，对生态环境几乎无影响。生产及运输过程中产生的扬尘，通过覆盖洒水等措施处理后对生态环境影响较小。主要污染物还包括机械及空气动力噪声、生活垃圾（150kg）。

2. 运营期

运营期约 29.9 年，煤矿运营期对生态环境的主要影响为：煤炭开采引发的地面塌陷，塌陷面积约为 64.40km^2；生产、生活污水经处理后用于矿区绿化及道路除尘，矿井井下排水（污染物以 COD、SS 为主）的 90%经处理后作为工业回用水，其余 10%外排；机械及空气动力噪声采取措施后符合《工业企业厂界环境噪声排放标准》（GB 12348—2008）中 III 类标准；包括煤矸石（12000t/a）在内的固体废物，其中 10000t 电厂回用，2000t 外排，锅炉灰渣（1800t/a）回填井巷，生活垃圾（69.3t/a）运往垃圾处理站。主要污染物还包括锅炉排放的 SO$_2$（13.74t/a）、烟粉尘（4.29t/a）。

3. 退役期

由于该项目运营期较长，项目环境影响评价报告初步预测，煤矿退役期间通过复垦林地与耕地可逐步恢复矿区生态状况。

7.1.3 环境影响经济损益分析

1. 环境影响因素识别

根据项目环境影响评价报告书识别项目实施后各时期的主要生态环境影响及外排入自然环境的污染物，记录其实物量（表 7.2）。

表 7.2 长城一号煤矿项目主要生态环境影响及实物量

时期	生态类		非生态类							
	陆域生态		水环境		大气环境		声环境		土壤环境	
	影响类型	实物量	污染物	实物量	污染物	实物量	污染物	实物量	污染物	实物量
建设期	占用耕地	140.50km²	生产废水	少量	扬尘	未统计	噪声	86~100dB	生活垃圾	0.15t
	占用草地	23.54km²	生活废水							
运营期	地面塌陷	64.4km²	COD	3.3 t/a	SO₂	13.74 t/a	噪声	45~55dB	煤矸石	2000 t/a
			SS	4.5 t/a	烟粉尘 扬尘	4.29 t/a 少量				
退役期	复垦土地	170 km²	—	—	—	—	—	—	—	—

各类生态环境影响中，建设期生产、生活废水排放量很小；施工扬尘未做统计，且能够通过降尘措施有效去除；生活垃圾送往处理站。运营期产生扬尘量很小，作业噪声经降噪处理后符合相关标准。故上述污染物不列入环境影响经济损益分析指标体系中。

2. 实物量货币化

占用耕地、草地参照项目选址地的征地补偿标准进行货币化计算。根据《鄂托克前旗征用土地补偿安置实施办法（试行）》，鄂托克前旗片区综合地价为3000 元/亩，耕地修正系数 3.40，草地修正系数 0.70。

地面塌陷货币化计算参照《鄂托克前旗上海庙矿区塌陷区农牧民搬迁补偿安置暂行办法（草案）》，矿区塌陷区内草场以每亩每年补偿 600 元作为换算依据。

污染物货币化以《中华人民共和国环境保护税法》中"环境保护税税目税额表"为依据，煤矸石每吨税额 5 元，噪声超标 7~9dB 每月税额 1400 元，大气污染物每污染当量税额 1.2~12 元，水污染物每污染当量税额 1.4~14 元。本节以内蒙古自治区排污费为换算依据，大气污染物每污染当量税额 1.2 元，水污染物每污染当量税额 1.4 元。

复垦土地以恢复至耕地、林地原有生态价值为标准进行估算。

3. 建立指标体系

长城一号煤矿项目环境影响经济损益分析指标体系依据货币化结果建立

（表 7.3）。

表7.3　长城一号煤矿项目环境影响经济损益分析指标体系（单位：万元）

时期	生态类		非生态类							
	陆域生态		水环境		大气环境		土壤环境		声环境	
	指标	经济损益	指标	经济损益	指标	经济损益	指标	经济损益	指标	经济损益
建设期	占用耕地	-214.97	—				生活垃圾	-0.38	噪声	-1.26
	占用草地	-7.42								
运营期	地面塌陷	-1.93	COD	-0.46	SO₂	-1.01	煤矸石	-1.00	—	—
			SS	-0.16	烟尘	-0.14				
退役期	复垦土地	+222.39	—	—	—	—	—	—	—	—

4. 分析评价

　　长城一号煤矿项目建设期、运营期环境影响经济损益为-228.73 万元。由于项目占用耕地、草地面积较大，建设期与运营期生态类指标经济损失较大；同时，由于该时期内均建有较完备的环保设施，故非生态类指标经济损失相对较低。若退役期内通过复垦林地与耕地等手段逐步恢复矿区生态状况，该项目环境影响经济损失将降至-6.72 万元（表7.4）。

表7.4　长城一号煤矿项目环境影响经济损益分析结果（单位：万元）

时期	指标类型	经济损益
建设期	陆域生态	-222.39
	土壤环境	-0.38
	声环境	-1.26
	小计	-224.41
运营期	陆域生态	-1.93
	水环境	-0.62
	大气环境	-1.15
	土壤环境	-1.00
	声环境	—
	小计	-4.7
退役期	复垦土地	+222.39
	小计	+222.39
合计		-6.72

7.2　公路建设项目

本节以四川省内江市国道 321 线公路项目为例，介绍环境影响经济损益分析在公路建设项目中的应用。

7.2.1　行业概况

公路是国民经济和社会发展的重要基础设施，对于改善交通条件，满足人们物质文化生活需要具有非常重要的作用。公路建设项目的实施是一个复杂的技术、经济活动过程，涉及众多的主体和多变的环境因素，其影响形态主要为带状污染源，污染宽度相对较窄，一般为公路两侧一定范围的宽度；单向污染距离大，一般为沿公路延伸方向从公路起点直至终点的范围。

公路建设项目环境影响分析，主要集中在建设期与运营期。建设期主要为生态类影响，一般为干扰野生动植物及其栖息地、破坏生态敏感区、侵占耕地、水土流失等影响。运营期的环境影响则主要由营运污染与环保措施不妥导致。营运污染主要包括交通噪声、汽车尾气污染、路面排水、危险品的水质污染、生活服务区废水和垃圾等；环保措施不妥导致的环境影响主要指水土流失、边坡崩塌、滑坡、泥石流、防护工程绿化方式错误导致的环境破坏。不同时期的具体影响如表 7.5 所示。

表 7.5　公路建设项目对生态环境影响

	影响受体	建设期	运营期
生态类	野生动植物及其栖息地	填筑路堤、形成路堑破坏土壤结构和水体循环，干扰野生动植物生长栖息环境,影响其生长与活动规律，阻碍生态系统蔓延	公路与通道相交或阻碍通道，切割野生动植物生存空间；汽车废气、噪声、有害物质等，使生物栖息地的空气、水、土壤等生态环境逐渐恶化，造成种群数量减少
	生态敏感区	破坏一些特殊敏感的生态系统，如原始森林、自然保护区及水源保护区等,甚至导致一些生物种灭绝	—
	侵占耕地	路面、路基、垫层作业场地和配套生活设施等挤占耕地资源	—
	水土流失	路堑开挖、路堤填筑、桥基施工、隧道开挖等活动，破坏公路沿线原有地貌和植被，扰动土体结构，致使土体抗蚀能力降低，水分和土壤同时流失	—
	景观环境	地表植被被大量破坏，使景观要素及斑块比例结构发生变化；在原来的景观系统中融入新的景观要素，增加了景观的碎裂度；公路在景观相邻组分之间增加屏障，造成景观分裂	—

影响受体		建设期	运营期
非生态类	声环境	施工现场运输、筑路机械等进行爆破等作业时产生的噪声污染;拌和工作时产生的噪声污染	交通噪声对公路沿线产生的污染,如对沿线居民人体健康与沿线土地价值的影响
	水环境	道路施工中的弃土、弃渣等固体废弃物直接排入水体,降低水体透明度,改变原有底栖生物的生境;影响河流水文条件,降低河流泄洪能力;大桥施工时向水体弃渣,向水体抛、冒、滴、漏有毒化学物;施工驻地产生的生活污水和生活垃圾及施工产生的废水排放	公路服务区产生的生活污水、洗车台的污水、加油站的地面冲洗水等,若未经处理直接排入周围农田河流,污染沿线水环境;路面固体废弃物随雨水流入水体而造成污染;化学有害物质因交通事故或储存容器损坏、泄漏而污染河流
	大气环境	公路建筑材料中的石灰、水泥、粉煤灰等含有大量的粉尘,在运输和施工过程中产生扬尘;干旱季节施工便道经车辆多次碾压后产生扬尘;沥青在熬拌过程中会产生沥青烟,影响大气环境与人体健康	车辆排放的CO、NO_2、碳氢化合物、SO_2、颗粒物、CO_2等污染物对大气环境产生影响

7.2.2 项目概况

四川省内江市国道 321 线(汉安大道交叉口至西林大道交叉口段)公路项目(以下简称国道 321 线公路项目),公路长度为 7.464km,路宽 40m,工程设计车速为 40km/h,平均车速以 35km/h 计。项目各时期生态环境影响分析如下。

1. 建设期

项目建设期主要建设活动分为主体工程、辅助工程与临时工程三类,产生的生态类影响主要有三类:①土石方开挖、路基填挖对沿线植被造成破坏,侵占农田、林地;②工程永久占地 0.45km^2,其中耕地面积 0.21km^2;③公路建设所需土石方量较大,故路线取土将会对农田、水土保持和生态环境带来不同程度的破坏。建设期声环境影响主要为作业机械进场施工产生的机械噪声,一般为 80~90dB(A)。建设期水环境影响主要来源于道路施工过程中所产生的废油、废水、游泥和岩浆以及施工营地所产生的生活污水,废水中主要的影响因子有 COD、BOD$_5$ 及石油类等;同时降雨冲刷施工机械、建筑材料等产生的污水,也会对地表水体造成污染。修建施工和材料运输过程的扬尘,是主要的大气污染源;扬尘的产生同拆迁量、施工时的风速、施工面积以及拆迁施工方式等因素有关。

2. 运营期

运营期生态类影响较小，集中表现为非生态类影响，其中声环境影响主要包括车辆行驶产生的交通噪声，交通噪声源强与行车速度、车辆载重类型密切相关。各类车型在公路上行驶的辐射声级可按照下列公式计算：

$$小型车辐射声级 = 38.1\log S_S - 2.4$$
$$中型车辐射声级 = 33.9\log S_M + 16.4$$

式中，S_S 与 S_M 分别为小型车与中型车的平均行驶速度。

大气环境影响主要为公路投入运营后汽车尾气及行驶过程中的扬尘产生的大气污染。水环境影响分为三类：①汽车尾气、漏油、降尘等受降雨冲刷产生的污水对附近收纳水体的污染；②未经处理的生活服务区污水排放产生的污染；③道路紧急情况，如车祸、爆炸等泄漏的危险物品进入附近水体造成污染。

3. 退役期

项目运营期较长，退役期不涉及污染场地修复等问题，对生态环境影响较小，因此暂不计算退役期环境影响经济损益。

7.2.3　环境影响经济损益分析

1. 环境影响因素识别

国道 321 线公路项目的生态环境要素识别矩阵如表 7.6 所示。

表 7.6　国道 321 线公路项目的生态环境要素识别矩阵

要素	建设期						运营期	
	取弃土	路基	路面	桥梁	材料	机械作业	运输行驶	桥梁边沟
声环境	—	—	—	—	√	√	√	—
大气环境	√	√	√	—	√	√	√	—
土壤环境	—	—	—	√	—	—	—	—
水环境	√	—	—	—	√	—	—	√
生态类	—	√	—	—	√	√	—	√

注："—"表示建设期或运营期活动对环境要素未产生影响，"√"表示建设期或运营期活动对环境要素产生影响

根据生态环境要素识别矩阵，表 7.7 列出了国道 321 线公路项目环境影响经济损益分析的评价因素。

表 7.7　国道 321 线公路项目环境影响经济损益分析的评价因素

影响受体		评价内容	评价因素
生态类		对陆域生态的影响	植被、耕地、土壤
		对水生生态的影响	
非生态类	水环境	运营期排放污染的影响	pH、石油类、COD 等
		路面净流产生的污染影响	
		施工营地污染排放的影响	
		运输危险品的风险影响	
		建设期施工材料污染物的影响	
	声环境	建设期机械作业及运输车辆影响	—
		运营期交通噪声影响	
	大气环境	建设期车辆运输产生的扬尘、粉尘及沥青烟气影响	TSP、沥青烟
		运营期汽车尾气影响	NO_x、SO_2

2. 实物量货币化

国道 321 线公路项目的建设对生态环境的影响主要在于永久占地造成耕地的减少，建设期占用耕地损失参照项目选址地的征地补偿标准进行货币化计算。根据《四川省征地补偿基本原则和具体标准》，占用耕地损失按耕地被征用前三年平均年产值的 6 倍计算。项目建设期工程占地中粮食作物用地 $0.17km^2$，经济作物用地 $0.04km^2$，根据减产量=单位面积产量×占地面积，前三年减产量平均值分别为粮食作物 101t/a，经济作物 7.8t/a。粮食作物以水稻为主，经济作物有油料作物及蔬菜类，选择油菜籽作为代表，粮食作物和经济作物单价分别为 3300 元/t 与 4480 元/t。运营期占用耕地损失采用直接市场法转化为因占用耕地无法耕作而使农作物减产从而造成的经济损失。按运营期为 20 年计算，粮食作物与经济作物的减产量分别为 2020t 与 156t。假设社会贴现率（i）为 2.97%，运营期损失计算公式如下：

$$P = A \frac{(1+i)^{n-1}}{i(1+i)^n}$$

式中，P 为损失总值，单位为元；A 为每年损失，单位为元；n 为计算时限，设定为 20 年。具体分析如表 7.8 所示。

表 7.8　国道 321 线公路项目占用耕地损失分析

作物	时期	减产量	经济损益/万元
水稻	建设期	101t/a	−199.9
	运营期	2020t	−53.3
油菜籽	建设期	7.8t/a	−20.9
	运营期	156t	−55.9
合计	—	—	−330.0

修建施工和材料运输过程的扬尘是项目施工过程中主要的大气污染源。扬尘的产生与拆迁量、施工时的风速、施工面积以及拆迁施工方式等因素有关，施工过程中采取的路面洒水措施可以有效降低扬尘。由于沥青加工采用厂拌方式，所以沥青烟气污染相对较小。项目建成通车后，其初期和中期的交通量较小，对各敏感区域的大气环境质量影响不大。国内多条公路竣工验收调查报告的相关结论表明：公路运营通车后，汽车尾气对大气环境污染的影响较低，公路建设项目运营期的大气环境可满足《环境空气质量标准》（GB 3095—2012）二级标准值。因此，项目运营期的沿线大气环境质量可以认为达标。

土壤环境影响方面，建设期产生的主要固体废物为多余的建材，运营期主要为公路的养护及管理人员产生的生活垃圾，已配备相应处理措施，未对土壤环境造成污染。

建设期的水污染主要来源于道路施工过程中所产生的废油、废水及施工营地所产生的生活污水，主要的污染因子有 COD、BOD_5、SS 及石油类，损益值按照四川省人大常委会通过的应纳税标准额 2.8 元/当量计算。运营期主要水环境影响为公路养护平均每年产生的污水 788t，经处理后由环卫部门清走。国道 321 线公路项目设计了比较完善的路面排水系统和边沟、涵洞、自然沟渠等，路面汇排水不会对沿线水环境造成污染。

建设期与运营期声环境影响货币化以《中华人民共和国环境保护税法》中"环境保护税税目税额表"为依据，按超标分贝值确定每月税额。

3. 建立指标体系

国道 321 线公路项目环境影响经济损益分析指标体系依据货币化结果建立，见表 7.9。

表 7.9　国道 321 线公路项目环境影响经济损益分析指标体系 （单位：万元）

时期	生态类		非生态类							
	陆域生态		水环境		大气环境		土壤环境		声环境	
	指标	经济损益	指标	经济损益	指标	经济损益	指标	经济损益	指标	经济损益
建设期	占用耕地	−220.8	COD、BOD₅、SS、石油类	−0.62	—	—	建筑材料	−0.72	机械噪声	−11.38
运营期	占用耕地（植被破坏、粮食减产）	−109.2	—	—	—	—	—	—	运输噪声	−34.46

4. 分析评价

国道 321 线公路项目建设期、运营期环境影响经济损益为-377.2 万元（表 7.10）。项目建设期占用耕地面积较大且影响较持久，导致生态类指标经济损失较高。考虑公路建设项目的主要功能，非生态类指标中声环境影响损失较大，由于项目在建设期与运营期内均建有较完备的环保设施，故其他非生态类指标经济损失相对较低。

表 7.10　国道 321 线公路项目环境影响经济损益分析结果 （单位：万元）

时期	指标类型	经济损益
建设期	陆域生态	−220.8
	水环境	−0.62
	土壤环境	−0.72
	声环境	−11.38
	小计	−233.5
运营期	陆域生态	−109.2
	声环境	−34.46
	小计	−143.66
合计		−377.2

7.3　石化建设项目

本节以江苏省连云港石化产业基地内盛虹炼化一体化项目为例，介绍环境影响经济损益分析在石化建设项目环境影响评价中的应用。

7.3.1　行业概况

根据《环境影响评价技术导则 石油化工建设项目》（HJ/T 89—2003），石油化工建设项目系指以石油和石油气（包括天然气和炼厂气）为原料，从事炼油、化工、化纤和化肥生产以及相关的储存、运输、科研等建设项目。石化工业是基础性产业，为工农业和人民日常生活提供配套和服务，是化学工业的重要组成部分，也是我国的支柱产业之一。石化工业不存在单纯的、封闭的产业结构，其产品作为原材料和能源材料在各个领域都有涉足，在人们的日常生活中发挥重要的作用。相关企业产业链复杂、拥有众多环节，生产过程会对土壤、水体和大气产生污染。石化工业在给人们带来巨大物质财富的同时，还带来资源耗竭、环境污染、温室效应等重大生态环境问题。

石化建设项目的环境影响主要有以下特点：

第一，以非生态类影响为主，主要集中在运营期。石化建设项目在建设期和退役期对自然环境和生态造成的影响主要来源于建筑施工、材料及废物堆积和运输、扬尘、废水、固体废物等，相对危害小且易处理。石化建设项目在建设期往往产生大量的废水和固体废物，可能含有重金属、放射性物质、多种有机或无机废物，对生态环境具有严重的破坏功能，同时还会直接或间接侵害人类的身体健康。

第二，产业资源消耗高。石化工业的发展依赖于石油产品的大量投入，在石油供应链中，原材料和资源的浪费比较严重，资源利用率不高。其原材料的大量开采和使用对生态环境产生严重影响，如在油气勘探、开发、炼化、储运过程中容易对野外环境、周边环境造成破坏。

第三，污染物组成相对复杂、危害大、难以处理。生产过程中产生的废水和固体废物往往浓度高、毒性强，常规的方法很难做到降解和分解处理，即使采取处理措施后，依旧会对水源和土壤造成一定的危害，使得人类、牲畜无法正常饮水，土地无法耕种。

第四，污染物排放量大，性质不稳定。石化工业的原材料主要是石油，其中包含的杂质较多，如悬浮固体、有机污染物以及氨氮等含量都非常高，污水浓度相比日常生活污水要高出数百倍。此外，废水、废气的质和量随时间波动明显。

石化建设项目在各时期的环境影响如表 7.11 所示。

表 7.11   石化建设项目各时期环境影响

时期			影响
建设期			挖填土方、拆迁、材料堆存、建筑施工、材料及废物运输、扬尘、废水、固体废物等对自然环境与生态造成影响
运营期	非生态类	水环境	废酸、废碱液焦化和气化过程产生的含酚（如苯酚、甲酚、二甲酚和硝基甲酚）废水等排入水体易造成水环境污染
		大气环境	储罐区的呼吸损耗、装车（船）、卸车（船）的无组织排放及装置区的"跑、冒、滴、漏"造成的物料无组织散发；各工段装置通过烟囱集中排放或火炬焚烧放空产生废气，主要污染物包括 SO_2、NO_x、非甲烷总烃、光气、丙烯腈、甲胺、氰化氢和苯物质等
		固体废物	传质及传热单元操作、蒸汽裂解、深冷分离、聚合聚酯、减压蒸馏等过程中产生的废固体催化剂、污泥灰渣等堆放或处理不当造成的环境影响
退役期			持久性有机污染物及重金属污染物通过大气沉降与废渣渗滤等方式进入土壤和地下水体，从而对土壤和地下水环境造成不利影响

7.3.2 项目概况

盛虹炼化一体化项目工程规模为炼油 1600 万 t/a、乙烯 110 万 t/a、对二甲苯 280 万 t/a。工程配置有炼油装置、芳烃联合装置、化工装置、整体煤气化联合循环（integrated gasification combined cycle，IGCC）发电系统、储运系统及相应配套设施。项目按照炼油、对二甲苯、乙烯一体化的加工方式进行设计，采用"原油加工+重油加氢裂化+对二甲苯+乙烯裂解+IGCC"的总工艺流程方案，优化炼油、对二甲苯及化工的原料互供及公用工程配置，实现尽可能多产乙烯和对二甲苯的目的。

7.3.2.1 建设期

该项目建设期约 24 个月，不涉及水域。排放的废水主要为建设期生活废水（600m³/d）及设备管道、原油罐区清洗试压水（共约 20000m³），排放方式与去向如表 7.12 所示。

表 7.12   盛虹炼化一体化项目建设期废水排放情况

废水名称	排放量	污染物浓度	排放方式
生活废水	600m³/d	300mg/L COD、20mg/L 石油类、15mg/L 氨氮	集中处理后排放
设备管道、原油罐区清洗试压水	20000m³	含少量铁锈、焊渣和泥土等悬浮物	沉淀处理后排放

建设期产生的废气有施工扬尘和施工机械设备与汽车尾气。项目建设使用的机械设备种类较多，燃料以燃油为主，排放的主要污染物为 CO、碳氢化合物、NO_x、微粒物和 SO_2 等。

建设期噪声主要来自施工机械，各噪声源为多点源，噪声范围 90～110dB。

建设期固体废物包括施工垃圾和生活垃圾。施工垃圾以边角料、焊头等金属类废弃物为主，不属于有毒有害类垃圾，施工期间全部收集，施工结束后集中回收处置。生活垃圾全部送往垃圾站处理。

7.3.2.2 运营期

1. 炼油装置

1）常减压蒸馏装置

常减压蒸馏装置包括换热部分、电脱盐部分、初馏部分、常压蒸馏部分、减压蒸馏部分，装置设计规模为 1600 万 t/a，年开工时间为 8400h，操作弹性为 60%～110%。

主要污染物产生情况如下：

（1）废气。装置产生的废气主要为常压炉和减压炉的燃烧烟气，主要污染物为 SO_2、NO_x、烟粉尘、非甲烷总烃等，两股烟气合并后通过烟囱排入大气。

（2）废水。初、常顶回流罐和减顶油水分离罐等的排水为含硫废水，主要污染物为 H_2S 和氨，送至硫磺回收联合装置酸性水汽提单元处理。机泵冷却、地面冲洗等排放的含油废水，主要污染物为 COD、石油类，送至污水处理厂含油废水处理系统处理。电脱盐设施排放的含盐废水，主要污染物为 COD、石油类和盐，送至污水处理厂含盐废水处理系统处理。

（3）固体废物。装置无固体废物产生。

（4）噪声。装置的主要噪声源为加热炉、机泵、空冷器电机及蒸汽放空等。

2）轻烃回收装置

轻烃回收装置由轻烃回收单元和产品精制单元等组成，产品精制单元包括干气、液化气脱硫部分及液化石油气脱硫醇部分。轻烃回收单元设计规模为 400t/a，年开工时间为 8400h，操作弹性为 60%～100%。

主要污染物产生情况如下：

（1）废气。装置正常生产时不排放废气，在开停工及事故状态时泄放的含烃气体直接送全厂火炬管网燃烧处理。

（2）废水。正常生产时，装置无废水产生。

（3）固体废物。产品精制单元排放的碱渣含有氢氧化物、硫化物和石油类，送至乙烯裂解装置内的碱渣处理设施处理。产品精制单元排出的废精脱硫剂和废瓷球属于危险废物，送徐圩新区固废处置中心处理。

（4）噪声。装置的主要噪声源为机泵和空冷器电机等。

3）煤油加氢装置

煤油加氢装置设计规模为 180 万 t/a，年开工时间为 8400h，实际运行周期按三年一修考虑，操作弹性为 60%～110%。

主要污染物产生情况如下：

（1）废气。装置产生的废气主要为反应进料加热炉和分馏塔底重沸炉的燃烧烟气，主要污染物为 SO_2、NO_x、烟粉尘、非甲烷总烃等，两股烟气合并后通过烟囱排入大气。

（2）废水。装置产生的废水主要为含油废水，来自机泵冷却、地面冲洗等，主要污染物为 COD、石油类，送至污水处理厂含油废水处理系统处理。

（3）固体废物。加氢反应器排出的废加氢催化剂属于危险废物，由催化剂厂家回收；废瓷球属于危险废物，送徐圩新区固废处置中心处理。

（4）噪声。装置的主要噪声源为加热炉、机泵、空冷器电机等。

4）焦化装置

焦化装置包括延迟焦化单元和产品精制单元。装置设计规模为 200 万 t/a，年开工时间为 8400h，操作弹性为 60%～110%。

主要污染物产生情况如下：

（1）废气。装置产生的废气为加热炉的燃烧烟气，主要污染物为 SO_2、NO_x、烟粉尘、非甲烷总烃等，经烟囱排入大气。

（2）废水。含硫废水来自分馏塔、气液分离罐排水，主要污染物为 H_2S 和氨，送至硫磺回收联合装置酸性水汽提单元处理。含油废水主要来自机泵冷却水、液化石油气水洗、地面冲洗等，主要污染物为 COD、石油类，送污水处理厂含油废水处理系统处理。

（3）固体废物。产品精制单元排出的废精脱硫剂和废瓷球属于危险废物，送徐圩新区固废处置中心处理。产品精制单元间断排放的碱渣送乙烯裂解装置内的碱渣处理设施处理。

（4）噪声。装置的主要噪声源为加热炉、压缩机、机泵、空冷器电机及蒸汽放空等。

5）重油加氢联合装置

重油加氢联合装置包括 1 号加氢裂化装置、2 号加氢裂化装置和沸腾床渣油加氢装置，设计规模分别为 350 万 t/a、360 万 t/a 和 330 万 t/a，年开工时间为 8400h，操作弹性均为 60%～110%。

主要污染物产生情况如下：

（1）废气。1 号、2 号加氢裂化装置产生的废气为反应进料加热炉燃烧烟气、分馏塔进料加热炉烟气，主要污染物为 SO_2、NO_x、烟粉尘、非甲烷总烃等，两股烟气合并后通过烟囱排放。

沸腾床渣油加氢装置产生的废气为原料油进料加热炉燃烧烟气、氢气进料加热炉烟气和减压塔进料加热炉烟气，主要污染物为 SO_2、NO_x、烟粉尘、非甲烷总烃等，三股烟气合并后通过烟囱排放。

（2）废水。含硫废水主要来自部分冷低压分离器、分馏塔顶回流罐和低压溶剂罐等，主要污染物为 H_2S 和氨，送至硫磺回收联合装置酸性水汽提单元处理。含油废水主要来自分馏塔顶回流罐、机泵冷却、地面冲洗、减压抽真空系统等，主要污染物为 COD、石油类，送污水处理厂含油废水处理系统处理。

（3）固体废物。1 号、2 号加氢裂化装置排出的废催化剂和沸腾床渣油加氢装置排出的废催化剂属于危险废物，由催化剂厂家回收。1 号、2 号加氢裂化装置排出的废瓷球均属于危险废物，送徐圩新区固废处置中心处理。

（4）噪声。装置的主要噪声源为加热炉、风机、泵、压缩机、空冷器电机及蒸汽放空等。

6）润滑油异构脱蜡装置

润滑油异构脱蜡装置设计规模为 7 万 t/a，操作弹性为 60%~110%，年开工时间为 8400h。

主要污染物产生情况如下：

（1）废气。装置产生的废气为反应进料加热炉燃烧烟气、减压塔进料加热炉烟气，主要污染物为 SO_2、NO_x、烟粉尘、非甲烷总烃等，两股烟气合并后通过烟囱排放。

（2）废水。含油废水主要来自装置机泵冷却、地面冲洗等，主要污染物为 COD、石油类，送污水处理厂含油废水处理系统处理。

（3）固体废物。装置反应器排放的废催化剂属于危险废物，由催化剂厂家回收。

（4）噪声。装置的主要噪声源为加热炉、风机、泵、压缩机、空冷器电机及蒸汽放空等。

7）汽柴油加氢装置

汽柴油加氢装置包括反应部分、分馏部分、低分气脱硫部分。装置设计规模为 300 万 t/a，年开工时间为 8400h，操作弹性 60%~110%。

主要污染物产生情况如下：

（1）废气。装置产生的废气为反应进料加热炉燃烧烟气、分馏塔进料加热炉烟气，主要污染物为 SO_2、NO_x、烟粉尘、非甲烷总烃等，两股烟气合并后通过烟囱排放。

（2）废水。含硫废水主要来自部分冷低压分离器、分馏塔顶回流罐和低压溶剂罐等，主要污染物为 H_2S 和氨，送至硫磺回收联合装置酸性水汽提单元处理。含油废水主要来自分馏塔顶回流罐、机泵冷却、地面冲洗、减压抽真空系统等，主要污染物为 COD、石油类，送污水处理厂含油废水处理系统处理。

（3）固体废物。反应器排出的废催化剂、2 号加氢裂化装置排出的废催化剂和沸腾床渣油加氢装置排出的废催化剂属于危险废物，由催化剂厂家回收。1 号、2 号加氢裂化装置排出的废瓷球均属于危险废物，送徐圩新区固废处置中心处理。

（4）噪声。装置的主要噪声源为加热炉、风机、泵、压缩机、空冷器电机及蒸汽放空等。

8）烷基化装置

烷基化装置包括原料预处理部分。装置设计规模为 30 万 t/a，年开工时间为8400h。

主要污染物产生情况如下：

（1）废气。装置正常生产时不排放废气，非正常工况下来自安全阀的含酸气体，在去火炬管网之前先进入含酸气体中和器中和，最后不含酸的气体密闭排往火炬管网。

（2）废水。含盐废水来自装置中和池，间断排放，主要污染物为盐，送污水处理厂含盐废水处理系统处理。含油废水来自机泵冷却等，主要污染物为 COD、石油类，送污水处理厂含油废水处理系统处理。

（3）固体废物。装置排放的废加氢催化剂属于危险废物，由催化剂厂家回收。排放的废保护剂和废吸附剂属于危险废物，送徐圩新区固废处置中心处理。

（4）噪声。装置的主要噪声源为泵、空冷器电机、压缩机等。

9）PSA 装置

变压吸附（pressure swing adsorption，PSA）装置包括 2 套 17 万 Nm^3/h（Nm^3，是气体的计量单位，指气体在标准状态 20℃、1 标准大气压下的体积）重整氢 PSA装置和 1 套 10 万 Nm^3/h 炼厂含氢气体 PSA 装置，操作弹性为 50%～110%，年开工时间为 8400h。

主要污染物产生情况如下：

（1）废气。装置正常生产时不排放废气，在开停工时及事故状态时泄放的含烃气体直接送全厂火炬管网燃烧处理。

（2）废水。含油废水来自压缩机及罐底排污，主要污染物为 COD、石油类，送至污水处理厂含油废水处理系统处理。

（3）固体废物。装置排放的吸附剂属于危险废物，送徐圩新区固废处置中心处理。

（4）噪声。装置的主要噪声源为压缩机、机泵等。

10）硫磺回收联合装置

硫磺回收联合装置包括酸性水汽提单元、溶剂再生单元和硫磺回收装置。

酸性水汽提单元为双系列装置，系列 1 设计规模为 160t/h，处理非加氢型酸性废水；系列 2 设计规模为 220t/h，处理加氢型酸性废水。操作弹性为 60%～110%，年开工时间为 8400h。

溶剂再生单元按三个系列设置。系列 1 设计规模为 8000t/h，处理来自上游装置排放的产品型富甲基二乙醇胺溶剂；系列 2 和系列 3 设计规模均为 500t/h，处理重油加氢循环氢脱硫排放的富甲基二乙醇胺溶剂。操作弹性为 60%～110%，年开工时间为 8400h。

硫磺回收装置按四个系列设置，每个系列的设计规模为 15 万 t/a，操作弹性为 30%～110%，年开工时间为 8400h。

主要污染物产生情况如下：

（1）废气。装置产生的废气为工艺废气，主要污染物为 SO_2、NO_x、烟粉尘、非甲烷总烃等，经烟囱排入大气。

（2）废水。含硫废水来自硫磺回收急冷塔底排放的污水，送至酸性水汽提单元处理。含油废水来自机泵冷却和地面冲洗等，送至污水处理厂含油废水处理系统处理。酸性水汽提单元主汽提塔底连续排放的净化水，一部分回用炼油装置，剩余部分送至污水处理厂含油废水处理系统处理。

（3）固体废物。硫磺回收装置排放的废硫磺回收催化剂和废加氢催化剂、溶剂再生单元排放的废活性炭、酸性水汽提单元脱硫吸附器排放的废脱硫剂均属于危险废物，送徐圩新区固废处置中心处理。

（4）噪声。装置的主要噪声源为压缩机、机泵等。

2. 芳烃联合装置

芳烃联合装置包括 1 套 400 万 t/a 石脑油加氢装置、2 套 320 万 t/a 连续重整装置、1 套 150 万 t/a 芳烃抽提装置和 1 套 280 万 t/a 对二甲苯（para-xylene，PX）装置，年开工时间为 8400h，操作弹性为 60%～110%。

主要污染物产生情况如下：

（1）废气。装置有组织废气为歧化单元 I、单元 II 加热炉烟气，重芳烃单元 I 加热炉烟气，对二甲苯重沸炉烟气，异构化单元 I、单元 II 加热炉烟气，1 号、2 号重整加热炉烟气，石脑油加氢加热炉烟气，主要污染物为 SO_2、NO_x、烟粉尘、非甲烷总烃等，通过不同烟囱排入大气。装置无组织废气来自设备动、静密封泄漏，主要污染物为苯、二甲苯和 VOCs。

（2）废水。含硫废水主要来自石脑油加氢气液分离器及汽提塔回流罐，主要污染物为 H_2S 和氨，送至硫磺回收联合装置酸性水汽提单元处理。含油废水主要来自回流罐分水包、取样冷却器、地面冲洗等，主要污染物为 COD、石油类，送至污水处理厂含油废水处理系统处理。含盐废水主要来自再生碱洗塔及装置产汽系统，主要污染物为盐，送至污水处理厂含盐废水处理系统处理。含芳烃废水主要来自 PX 装置吸附分离单元抽余液塔放空罐和成品塔回流罐，主要污染物为芳烃，送至酸性水汽提装置处理。

（3）固体废物。石脑油加氢装置排放的废催化剂、连续重整排放的废催化剂、PX 装置排放的废歧化催化剂和废异构化催化剂均属于危险废物，由催化剂厂家回收。

石脑油加氢装置排放的废脱氯剂和废脱汞剂，连续重整装置排放的废脱氯剂，PX 装置排放的废白土、废吸附剂、废瓷砂和废瓷球均属于危险废物，送徐圩新区固废处置中心处理。

（4）噪声。装置的主要噪声源为加热炉、泵、压缩机、空冷器电机等。

3. 化工装置

1）乙烯裂解装置

乙烯裂解装置由原料预处理单元、急冷单元、压缩单元、冷分离单元、热分离单元、废碱预处理单元以及蒸汽等辅助设施和相关公用工程组成，装置设计规模为 110 万 t/a，年开工时间为 8000h。

主要污染物产生情况如下：

（1）废气。裂解炉脱硝烟气的主要污染物为 SO_2、NO_x、颗粒物、VOCs 等，经 80m 高烟囱排入大气。裂解炉清焦气的主要污染物为颗粒物、CO 等，排入大气。碳三加氢反应器再生排放气的主要污染物为 VOCs 等，送裂解炉炉膛燃烧。废碱液氧化单元氧化废气的主要污染物为烃类、SO_2 等，送裂解炉炉膛燃烧。

（2）废水。裂解炉气泡排污包括连续排污和间接排污，主要污染物为总溶解固体（total dissolved solids，TDS）、SS 等，经收集冷却后送污水处理厂含油废水处理系统处理。清焦废水来自裂解区及急冷区，间断排放，主要污染物为 COD、石油类、挥发酚、SS 等，进入装置内污水预处理系统，收集后送污水处理厂含油废水处理系统处理。稀释蒸汽罐排污的主要污染物为 COD、石油类、SS 等，经装置内污水预处理系统收集后，送污水处理厂含油废水处理系统处理。

废碱氧化废水来自裂解气碱洗过程产生的废碱液，以及炼油装置的碱渣进行废碱氧化与中和处理产生的废水，预处理后的废水主要污染物为 COD、盐等，送污水处理厂含盐废水处理系统处理。

（3）固体废物。裂解气干燥器、液体干燥器、裂解气第二干燥器及氢气干燥器排放的废干燥剂为 3A 分子筛，主要组分为碱金属硅铝酸盐，含吸附的烃类，送徐圩新区固废处置中心处理。碳二加氢脱砷保护床、碳三加氢脱砷保护床排放的废吸附剂中 PbO 的质量分数为 20%，含可能吸附的砷，送徐圩新区固废处置中心处理。碳二加氢反应器、碳三加氢反应器排放的废催化剂为钯系催化剂，返回生产厂家利用。甲烷化反应器排放的废催化剂为镍系催化剂，返回生产厂家利用。各干燥器、反应器、保护床排放的废惰性瓷球主要成分为氧化铝、二氧化硅，属于一般固体废物，外委处理。废焦炭来自清焦罐、急冷油过滤器等，送徐圩新区固废处置中心处理。裂解炉烟气脱硝排放的废催化剂为贵金属催化剂，由生产厂家回收。

（4）噪声。装置产生的噪声主要来自裂解炉烧嘴、引风机、压缩机、大功率泵及蒸汽释放等，噪声级为 85dB 左右。

2）裂解汽油加氢装置

裂解汽油加氢装置由裂解汽油加氢单元和苯乙烯抽提单元组成。装置设计规模 42 万 t/a，年开工时间为 8000h。

主要污染物产生情况如下：

（1）废气。一段加氢反应器再生排放气主要为氢气，含烃类、微量 H_2S 等，送全厂火炬管网燃烧处理。二段加热炉烟气主要为氮氧化物、CO、VOCs、颗粒物、SO_2 等，经烟囱排入大气。二段加氢反应器再生排放气主要为氢气，含烃类、微量 H_2S 等，送全厂火炬管网燃烧处理。苯乙炔加氢反应器再生排放气主要为氢气，含烃类，送全厂火炬管网燃烧处理。苯乙烯抽提蒸汽喷射泵排放气主要为 C8（非芳烃），外送丙烯酸及酯装置废气焚烧炉。

（2）废水。含油废水来自各进料缓冲罐、气液分离器罐、塔顶回流罐、蒸汽喷射泵水封槽等，含 COD、石油类等，送污水处理厂含油废水处理系统处理。

（3）固体废物。一段加氢反应器排放的废催化剂含钯，返回生产厂家利用。二段加氢反应器排放的废催化剂含钴、镍等，返回生产厂家利用。苯乙炔加氢反应器排放的废催化剂含钯，返回生产厂家利用。

（4）噪声。装置产生的噪声主要来自加热炉烧嘴、压缩机、大功率泵等。

3）芳烃抽提装置

芳烃抽提装置包括抽提单元、精馏单元和溶剂再生单元。装置设计规模为 29 万 t/a，年开工时间为 8000h，操作弹性按 60%～110%计。

主要污染物产生情况如下：

（1）废气。装置正常生产时无有组织废气排放。在事故及超压等非正常工况下，设备超压排气等全部送全厂火炬管网燃烧处理。

（2）废水。装置正常情况下无工艺废水排放。界区内产生的地面冲洗水、污染雨水收集后，送污水处理厂含油废水处理系统处理。

（3）固体废物。装置产生的固体废物包括溶剂再生过滤器的废溶剂残渣、白土塔排放的废白土和废瓷球。

（4）噪声。装置的噪声源包括各类大型机泵，基本布于泵房内，噪声值小于85dB。

4）丁二烯抽提装置

丁二烯抽提装置主要由第一萃取精馏单元、第二萃取精馏单元（包括侧线闪蒸塔）、脱重脱轻精馏单元、水洗回收单元和阻聚剂配置单元等组成。装置设计规模为 15 万 t/a，年开工时间为 8000h。

主要污染物产生情况如下：

（1）废气。脱轻塔塔顶回流罐工艺尾气的主要污染物为丁二烯、丙炔，送至乙烯装置加氢反应器。

（2）废水。装置产生的废水来自水洗回收单元的乙腈回收塔，为含腈废水，送污水处理厂含油废水处理系统处理。

（3）固体废物。装置产生的固体废物主要为丁二烯聚合物，属于危险废物，送徐圩新区固废处置中心处理。

（4）噪声。装置产生的噪声主要来自于大功率泵，噪声级为80dB 左右。

5）EVA 装置

乙烯-醋酸乙烯酯共聚物（ethylene-vinylacetate copolymer，EVA）装置生产规模为 30 万 t/a，其中包括 10 万 t/a 釜式法 EVA 和 20 万 t/a 管式法 EVA。操作弹性为 70%～110%，年开工时间为 8000h。

主要污染物产生情况如下：

（1）废气。装置产生的驰放气送甲基丙烯酸甲酯（methyl methacrylate，MMA）装置内 EVA 工艺火炬。EVA 装置设蓄热式氧化炉（regenerative thermal oxidizer，RTO），压缩机驰放气、料仓及干燥脱气废气经 RTO 焚烧后，尾气通过高 150m 烟囱排入大气。

（2）废水。EVA 装置排放的废水为造粒机水箱废水、脱气料仓废水，主要污染物为 COD、BOD_5、石油类、乙烯颗粒等，送往污水处理厂含油废水处理系统处理。

（3）固体废物。EVA 装置排放的固体废物为：VA 干燥器废干燥剂，高循、低循分离器废蜡。

（4）噪声。装置的主要噪声源为压缩机组、风机、造粒机、振动筛以及大功率机泵等。

6）醋酸乙烯装置

醋酸乙烯装置主要由反应单元和精制单元组成，反应单元设置 2 条线，每条线设置 2 台反应器、2 台循环气压缩机，精制单元设置 1 条线。装置设计规模为 30 万 t/a，操作弹性为 60%～110%，年开工时间为 8000h。

主要污染物产生情况如下：

（1）废气。装置产生的废气主要为乙烯回收系统排放的废气、二氧化碳汽提塔塔顶气，主要污染物为乙烯、CO_2 等。乙烯回收系统排放的废气送全厂火炬管网燃烧处理，二氧化碳汽提塔塔顶废气经催化氧化处理后排入大气。

（2）废水。装置产生的废水主要为精制单元水汽提塔塔底排放的工艺废水，主要污染物为 HCO^{3-}、CO_3^{2-}、乙酸乙酯等，送至污水处理厂含油废水处理系统处理。

（3）固体废物。装置排放的一般固体废物为滤饼。

（4）噪声。装置的主要噪声源为循环气压缩机、冷冻液循环泵等。

7）EO/EG 装置

环氧乙烷/乙二醇（ethylene oxide/ethylene glycol，EO/EG）装置由环氧乙烷反应单元、环氧乙炔回收单元、轻组分脱除和环氧乙烷精制单元、乙二醇反应和乙二醇回收单元、乙二醇精制单元组成。装置设计规模为 60 万 t/a，年开工时间为 8000h，操作弹性为 60%～110%。

主要污染物产生情况如下：

（1）废气。装置产生的废气主要为环氧乙烷回收单元排放的循环气，主要污染物为甲烷、乙烯、氧气、CO_2 和乙烷，进入燃料气管网作为燃料气。

（2）废水。装置产生的废水包括乙二醇脱水塔废水、二氧化碳放空缓冲罐废水、急冷排放闪蒸塔废水，主要的污染物为 COD，送至污水处理厂含油废水处理系统处理。

（3）固体废物。环氧乙烷催化剂属危险废物，送厂家回收。乙二醇精制床离子交换树脂、乙烯脱硫床废活性炭属危险废物，送徐圩新区固废处置中心处理。

（4）噪声。装置产生的噪声主要来自循环气压缩机、尾气压缩机，噪声级为 85dB 左右。

8）苯乙烯装置

苯乙烯装置包括乙苯生产单元和苯乙烯生产单元。装置设计规模为 60 万 t/a，年开工时间为 8000h，操作弹性为 60%～110%。

主要污染物产生情况如下：

（1）废气。脱烃塔塔顶排放的废气主要为甲烷、乙烷、丁烷、苯、非芳烃等，作为该装置蒸汽过热器的燃料气。多乙苯塔真空排放气的主要成分为非芳烃、乙苯、丁基苯、氮气等，作为该装置蒸汽过热器的燃料气。蒸汽过热器排放气的主

要污染物为 SO_2、NO_x、非甲烷总烃等，直接排入大气。尾气密封罐排放气的主要成分为氢气、CO_2、甲烷、苯、二苯乙烯、苯乙烯等，送炼油区 PSA 装置。苯乙烯精馏真空泵密封罐排放气的主要成分为苯，作为该装置蒸汽过热器的燃料气。

（2）废水。蒸汽过热器排污水的主要污染物为 TDS，送污水处理厂含油废水处理系统处理。乙苯排污罐排污水的主要污染物为苯，间断排污，送污水处理厂含油废水处理系统处理。

（3）固体废物。乙烯处理器产生的废吸附剂，主要组分为树脂，含吸附的烃类，属危险废物，送徐圩新区固废处置中心处理。烷基化反应器产生的废催化剂，主要为铝硅酸盐沸石，属危险废物，送徐圩新区固废处置中心处置。烷基化反应器和烷基化转移反应器产生的废瓷球为一般固体废物。苯、镍保护处理器产生的废吸附剂，主要成分为酸化黏土、铝硅酸盐沸石催化剂，含吸附的烃类，属危险废物，送徐圩新区固废处置中心处理。循环苯处理器产生的废吸附剂，主要成分为铝硅酸盐沸石催化剂，含吸附的烃类，属危险废物，送徐圩新区固废处置中心处理。脱氢反应器产生的废催化剂，主要成分为氧化铁和碳酸钾，含吸附的烃类，属危险废物，送徐圩新区固废处置中心处理。工艺凝液汽提塔产生的废吸附剂，主要组分为无烟煤，主要成分为氧化铁和碳酸钾，含吸附的烃类，属危险废物，送徐圩新区固废处置中心处理。

（4）噪声。装置的主要噪声源为压缩机和各类泵。

9）丙烯腈装置

丙烯腈装置主要包括丙烯腈精制单元、乙腈精制单元和硫铵液浓缩单元，另外还包括废水焚烧系统、废气焚烧系统等辅助单元。装置设计规模为 26 万 t/a，年开工时间为 8000h。

主要污染物产生情况如下：

（1）废气。废气/废水焚烧炉燃烧烟气的主要污染物为丙烯腈、乙腈、氢氰酸、NO_x、SO_2、VOCs 等。稀硫铵液浓缩排放气的主要污染物为微量丙烯腈和氢氰酸，直接排入大气。精制单元脱氢氰酸塔顶不凝气的主要污染物为氢氰酸，返回吸收系统。精制单元成品塔塔顶不凝气的主要污染物为氢氰酸和丙烯腈，返回吸收系统。乙腈单元成品罐和中间罐产生的不凝气，主要污染物为氢氰酸，送废气焚烧炉处理。

（2）废水。四效系统浓酸液经轻有机物汽提后，废水中主要污染物为 COD、氨氮、丙烯腈等，送污水处理厂含油废水处理系统处理。锅炉排污水的主要污染物为 TDS，送污水处理厂含油废水处理系统处理。

（3）固体废物。空气过滤器产生的废分子筛，主要成分为三氧化二铝，为一般固体废物。反应器产生的废催化剂，主要成分为含二氧化硅载体及镍重金属化合物，属于危险废物，送徐圩新区固废处置中心处理。废水焚烧炉产生的残渣，主要成分为杂盐，送徐圩新区固废处置中心处理。

（4）噪声。装置的噪声源主要为空气压缩机、制冷机及机泵等。

10）甲基丙烯酸甲酯联合装置

甲基丙烯酸甲酯联合装置由 MMA 单元和废酸回收（SAR）单元组成。

甲基丙烯酸甲酯单元分丙酮氰醇（acetone cyanohydrin，ACH）工序、MMA工序、装置内火炬系统，设计规模为 9 万 t/a，年开工时间为 8000h，单元设一条生产线，操作弹性为 70%～110%。

废酸回收单元主要包括预浓缩工序、再生工序、气体净化工序、接触工序和强酸工序，设计规模为 18 万 t/a，年开工时间为 8000h，单元设一条生产线，操作弹性为 40%～100%。

主要污染物产生情况如下：

（1）废气。装置产生的废气主要为再生单元空气预热器燃烧烟气和接触单元废酸回收吸收塔产生的烟气，高空排放至大气。废气的主要污染物为非甲烷总烃、SO_2、NO_x、烟粉尘。

（2）废水。装置产生的废水主要为废酸浓缩冷凝液泵槽产生的废酸浓缩冷凝液，主要污染物为硫酸、有机物、总有机碳、SO_2 和废锅排污水，送污水处理厂含油污水处理系统处理。净化单元中和塔中和后的净化污水，送污水处理厂再生水处理设施进行处理。

（3）固体废物。装置产生的固体废物主要为转化器废催化剂和再生单元再生炉炉灰，送徐圩新区固废处置中心处理。

（4）噪声。装置的噪声源主要为再生单元再生炉空气风机、接触单元主风机等。

11）丙烯酸及酯装置

丙烯酸及酯装置包括丙烯酸单元、丙烯酸丁酯单元、冰晶级丙烯酸单元、废气处理单元和废水处理单元等。丙烯酸单元由三个系列组成，丙烯酸丁酯单元由两个系列组成，冰晶级丙烯酸单元由三个系列组成。装置设计规模为 30 万 t/a，年开工时间为 8000h。

主要污染物产生情况如下：

（1）废气。装置产生的废气主要包括丙烯酸及酯装置工艺废气、废气处理单元焚烧废气、废水处理单元焚烧废气。设备排放的不凝气送废气处理单元，去除废气中的丙烯、丙烯醛、丙烷等有害物质，反应尾气回收后排入大气。装置产生的废水全部送废水处理单元焚烧处理，焚烧尾气经余热回收后排入大气。

（2）固体废物。固体废物主要为废催化剂，主要组分为钼、钒、铂、钯，均送生产厂家再生处理。

（3）噪声。装置的主要噪声源为循环气压缩机、空压机、熔盐循环泵等大型机泵。

12）SAP 装置

高吸水性树脂（super absorbent polymer，SAP）装置主要由中和、脱氧、丙烯酸聚合、干燥、筛分、废气碱洗等辅助设施和相关公用工程组成。装置设计规模为 24 万 t/a，实际生产规模为 23.71 万 t/a，年开工时间为 8000h，操作弹性为 60%～110%。

主要污染物产生情况如下：

（1）废气。酸稀释、中和、脱氧单元产生的废气主要为水汽，还有少量丙烯酸，送碱洗塔碱洗后达标排放；聚合单元产生少量废气，主要成分为水汽，含有少量丙烯酸，送碱洗塔碱洗后达标排放。SAP 一次干燥废气的主要成分为水汽。二次干燥单元中加热炉废气的主要污染物为颗粒物、SO_2、NO_x，达标排放。

（2）废水。装置产生的废水来自中和单元碱洗废水，送污水处理厂含油废水处理系统处理。

（3）固体废物。装置产生的固体废物主要来自 SAP 装置的研磨和筛分工序，主要成分为 SAP 粉尘，作为等外品出售。

（4）噪声。装置的主要噪声源为压缩机、风机、粉碎机、筛分机、各类泵等。

4. IGCC

IGCC 包括制氢装置、气体联合装置、合成氨装置和甲醇装置，制氢装置提供氢气，气体联合装置提供合成气、氮气、氢气、蒸汽及电力，合成氨装置利用气体联合装置提供的氢气和氮气生产液氨，甲醇装置利用气体联合装置提供的合成气生产甲醇。

1）制氢装置

制氢装置主要包括气化单元、净化单元、空分单元、储运系统、公用工程及辅助设施，设计操作弹性为 60%～110%，年开工时间为 8400h。原料为原料煤和石油焦，产品为氢气，供炼油装置使用。

主要污染物产生情况如下：

（1）废气。渣池放空气通过锁斗冲洗罐洗涤后排入大气。真空泵分离罐放空气经水洗后排入大气。酸性气体送至硫磺回收联合装置酸性水汽提单元处理，酸脱废气排入大气。

（2）废水。气化单元排外废水为灰水槽底排放出的工艺废水。净化单元废水主要有酸性废水、锅炉排污水及酸性气脱除单元的含甲醇废水。其中酸性废水送硫磺回收联合装置酸性水汽提单元处理，锅炉排污水和甲醇废水送污水处理厂处理。

（3）固体废物。气化单元产生的固体废物包括渣池排放的炉渣及沉降槽底细渣经真空过滤后产生的滤饼，两种固体废物均属于一般固体废物，外送综合利用。净化单元产生的固体废物为定期更换的脱毒剂及变换催化剂，均送厂家回收处理。空分单元产生的固体废物包括定期更换的分子吸附剂和活性氧化铝吸附剂，均外委处理。

（4）噪声。装置的噪声源主要为压缩机、各类机泵等。

2）气体联合装置

气体联合装置主要包括气化单元、净化单元、空分单元、储运系统、公用工程及辅助设施，设计操作弹性为 60%～110%，年开工时间为 8400h。

主要污染物产生情况如下：

（1）废气。渣池放空气通过锁斗冲洗罐洗涤后排入大气。真空泵分离罐放空气经水洗后排入大气。酸性气体送至硫磺回收联合装置酸性水汽提单元处理，酸脱废气排入大气。热电中心有组织废气包括蒸汽过热炉废气以及余热锅炉烟气。装置无组织废气来自设备动、静密封泄漏，主要污染物为 H_2S、CO、氨气、甲醇和 VOCs。

（2）废水。气化单元排外废水为灰水槽底排放出的工艺废水和锅炉排污水，送污水处理厂处理。净化单元废水主要有变换锅炉排污水、酸性废水、酸脱甲醇废水。其中酸性废水送硫磺回收联合装置酸性水汽提单元处理，锅炉排污水和含甲醇废水送污水处理厂处理。

（3）固体废物。气化单元产生的固体废物包括渣池排放的炉渣及沉降槽底细渣经真空过滤后产生的滤饼，两种固体废物均属于一般固体废物，外送综合利用。净化单元产生的固体废物为变换单元定期更换的脱毒剂及变换催化剂，均送厂家回收处理。空分单元产生的固体废弃物包括定期更换的分子吸附剂及活性氧化铝吸附剂，均外委处理。

（4）噪声。装置的噪声源主要为压缩机、各类机泵等。

3）合成氨装置

合成氨装置由合成单元与冷冻单元组成，装置设计规模为 30 万 t/a，年开工时间为 8000h。

主要污染物产生情况如下：

（1）废气。装置正常生产时无有组织废气排放。

（2）废水。装置产生的废水主要为汽包排污水，送污水处理厂含油废水处理系统处理。

（3）固体废物。废脱硫催化剂、废甲醇合成催化剂等废催化剂由厂商回收处理。废瓷球和废离子交换树脂送徐圩新区固废处置中心处理。

（4）噪声。装置的主要噪声源为合成气压缩机、各类泵等。

5. 储运系统

各种油品储存天数、油品罐容积和数量根据全厂总工艺流程、原料来源和产品销售市场等，以及《石油化工储运系统罐区设计规范》（SH/T 3007—2014）规定，结合项目装置同时开停工检修方案、物料进出厂的运输方式及总平面图综合确定。主要设施包括装卸车设施、油气回收设施、可燃气体回收系统、火炬系统、煤焦储运系统、厂际管道等。

主要污染物产生情况如下：

（1）废气。储运系统有组织废气来自油气回收设施尾气、化工废气处理设施废气、煤焦输送系统废气和火炬燃烧烟气。

（2）废水。储运系统产生的废水主要为含油废水，来自油罐及地面冲洗水、清灌水、火炬水封水等，主要污染物为石油类、COD，送污水处理厂含油废水处理系统处理，处理后的水回用循环水场。

（3）固体废物。储运系统产生的污染物主要为油罐定期清洗时排出的罐底油泥和油气回收设施产生的废活性炭。罐底油泥排放频率为 5 年 1 次，排放量为 1137t/a；废活性炭排放量约为 23.3t/a。

（4）噪声。储运系统的主要噪声源为火炬、机泵及压缩机。

6. 公用工程及辅助设施

公用工程包括除盐水站、凝结水站、余热回收站、火炬气回收设施、压缩空气站、循环水厂、污水处理厂。辅助设施包括综合办公楼、中心控制室、化验室、环保监测站、全厂性普通物品仓库、危险品仓库、危废暂存库等。

主要污染物产生情况如下：

（1）废气。有组织废气主要为污水处理厂臭气处理设施尾气。

（2）废水。废水包括除盐水站中和水、凝结水站含油污水、循环水厂排污水、中心化验室排水、生活污水、初期雨水等，全部送污水处理厂含油废水处理系统处理，处理后全部回用。

（3）固体废物。固体废物主要为污水处理厂浓缩脱水后的油泥、浮渣和活性污泥。

（4）噪声。主要噪声源为机泵、风机。

7.3.2.3 退役期

由于该项目运营期较长，退役期预测存在诸多不确定因素，此次分析暂不考虑退役期环境影响。

7.3.3 环境影响经济损益分析

1. 环境影响因素识别

由于该项目位于石化园区内，不涉及水域、海域，建设期间未占用耕地、林地及草地等，故生态类指标不计入该项目环境影响经济损益分析指标体系中。

根据项目环境影响评价报告书识别项目实施后各时期的主要生态环境影响，及外排入自然环境的污染物，并记录其实物量（表7.13）。

表 7.13 盛虹炼化一体化项目主要生态环境影响及实物量

时期	非生态类							
	水环境		大气环境		声环境		土壤环境	
	污染物	实物量	污染物	实物量	污染物	实物量	污染物	实物量
建设期	生活废水	0 （集中处理）	施工扬尘	未统计	施工机械噪声	90～110dB	施工垃圾	0 （集中回收处置）
	设备管道、原油罐区清洗试压水		机械设备排放废气				生活垃圾	0 （送往垃圾站）
运营期	COD	243.98t/a	烟粉尘	779.45t/a	压缩机、空冷器、机泵等设备降噪后噪声	85～110dB	固体废物	厂内碱渣处置量：382.2t/a； 厂内焚烧处置量：176708.6t/a； 外送综合利用量：651796t/a； 厂家回收固体废物量：3884.3t/a； 送废处置中心量：9021t/a； 固体废物排放量：0
	石油类	2.91t/a	SO_2	846.83t/a				
	氨氮	14.53t/a	NO_x	3727.82t/a				
	总氮	43.59t/a	氯化氢	0.44t/a				
	硫化物	1.45t/a	H_2S	16.85t/a				
	挥发酚	0.87t/a	氨	42.12t/a				
	氰化物	0.87t/a	CO	10773.04t/a				
	苯	0.15t/a						
	二甲苯	0.15t/a	VOCs	5019.96t/a				
	丙烯腈	2.41t/a						

注：结合该项目环境影响评价报告书，项目排放的 VOCs 主要为苯、甲苯、二甲苯、甲醇、苯乙烯、丙烯腈及烃类物质

2. 实物量货币化

货币化以《中华人民共和国环境保护税法》中"环境保护税税目税额表"为依据，噪声超标 16dB 以上每月税额 11200 元。江苏省应税大气污染物每污染当量税额 4.8 元，应税水污染物每污染当量税额 5.6 元。

3. 建立指标体系

盛虹炼化一体化项目环境影响经济损益分析指标体系依据货币化结果建立（表 7.14）。

表 7.14 盛虹炼化一体化项目环境影响经济损益分析指标体系（单位：万元/a）

时期	非生态类							
	水环境		大气环境		声环境		土壤环境	
	指标	经济损益	指标	经济损益	指标	经济损益	指标	经济损益
建设期	生活废水 设备管道、原 油罐区清洗 试压水	—	施工扬尘 机械设备排 放废气	—	施工机械 噪声	−29.28	施工垃圾 生活垃圾	—
运营期	COD	−136.63	SO_2	−427.87	压缩机、空 冷器、机泵 等设备降 噪后噪声	−14.64	固体废物	—
	石油类	−16.30	NO_x	−1883.53				
	氨氮	−10.17	烟粉尘	−171.62				
	总氮	−30.51	氯化氢	−0.02				
	硫化物	−6.50	H_2S	−27.89				
	挥发酚	−6.09	氨	−2.21				
	氰化物	−24.36	CO	−95.81				
	苯	−4.20						
	二甲苯	−4.20	VOCs	−6341.00				
	丙烯腈	−10.80						

4. 分析评价

通过表 7.15 可知，该石化建设项目建设期环境影响经济损益为-29.28 万元、运营期环境影响经济损益为-9214.35 万元/a。运营期各指标中，大气环境影响突出，与行业特征污染物 VOCs 排放量较大有关。

表 7.15　盛虹炼化一体化项目环境影响经济损益分析结果

时期	指标类型	经济损益
建设期	声环境	−29.28 万元
	小计	−29.28 万元
运营期	水环境	−249.76 万元/a
	大气环境	−8949.95 万元/a
	声环境	−14.64 万元/a
	土壤环境	—
	小计	−9214.35 万元/a

7.4　钢铁建设项目

本节以云南省昆明市晋宁县工业园区青山基地 60 万 t/a 钢铁物流加工项目为例，介绍环境影响经济损益分析在钢铁建设项目环境影响评价中的应用。

7.4.1　行业概况

根据《环境影响评价技术导则 钢铁建设项目》（HJ 708—2014），钢铁建设项目是指含有烧结/球团、炼焦、钢铁冶炼及压延加工、铁合金冶炼等建设内容的建设项目。作为原材料生产和加工部门，钢铁行业在产业链中起着承上启下的作用，上连煤炭、铁矿石、运输等产业，下连汽车、装备制造、建筑等支柱产业。

钢铁行业属于高能耗、高水耗、高污染行业，对生态环境的影响主要体现在建设期工程活动对生态环境造成的破坏，运营期污染物对大气、水及土壤环境造成的污染，退役期持久性有机污染物及重金属污染物对土壤环境造成的不利影响。

1. 建设期生态环境影响特点

建设期生态环境影响主要体现在由挖填土方、拆迁、材料堆存、建筑施工、材料及废物运输等工程活动对自然环境与生态造成的影响。

2. 运营期生态环境影响特点

运营期生态环境影响主要体现在废气、废水及固体废物对大气环境、水环境及土壤环境造成的不利影响（图 7.1）。

（1）大气污染物。常规大气污染物主要包括 TSP、SO_2、NO_x 及 CO，其中 NO_x 和 SO_2 是引起酸雨和形成细颗粒物等的主要前体物质。二噁英（PCDD/Fs）、

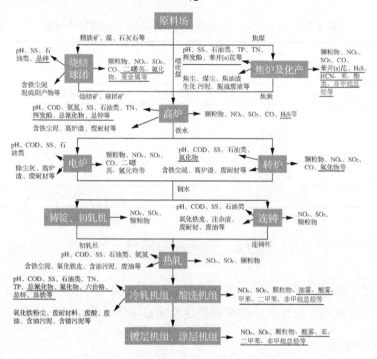

图 7.1　钢铁生产全流程主要污染物示意

下划线部分为特征污染物；TN 为总氮，TP 为总磷

多环芳烃（PAHs）等持久性有机污染物具有持久性、生物蓄积性、半挥发性、高毒性和长距离迁移性等特点。

（2）水污染物。常规水污染物主要包括 SS、BOD_5、COD、氨氮、石油类等。由于钢铁生产工序复杂，各环节产生的特征污染物包括挥发酚、氟化物、氰化物、苯并[a]芘、总锌、总铅等。

（3）固体废物。固体废物主要包括高炉渣、废耐材、含铁尘泥、冶炼废渣等。

3. 退役期生态环境影响特点

二噁英、多环芳烃等持久性有机污染物及重金属污染物通过大气沉降与废渣渗滤等方式进入土壤，从而对土壤环境造成不利影响。

7.4.2　项目概况

云南省昆明市晋宁县工业园区青山基地 60 万 t/a 钢铁物流加工项目（以下简称青山钢铁物流加工项目），年产钢铁物流加工 60 万 t、铁艺制品 12 万 t、新型复合钢板 150 万 m^2，占地面积 57326.7m^2，建设周期约为 1 年。项目各时期生态环境影响如下：

1. 建设期

建设期对水环境造成影响的主要为主体结构阶段混凝土养护废水及各种车辆冲洗水，主要污染物为 SS，浓度一般为 300～600mg/L，此外还包括建设期施工人员产生的生活污水。大气环境污染主要包括扬尘及燃油废气两方面，其中扬尘主要来源于各施工环节、临时表土堆场及车辆运输，主要污染物为 TSP，不含有毒有害的特殊污染物质；燃油废气主要由建设期间施工机械产生，主要成分为 CO、NO_x 和总碳氢化合物（total hydrocarbons，THC）。声环境影响主要是施工噪声，噪声主要来源于施工机械和运输车辆。在各类施工机械中，噪声较高的为打桩机、推土机、装载机、挖掘机、电焊机、卡车等，其噪声级均在 80dB 以上。建设期可能对土壤环境造成影响的主要为建筑垃圾、生活垃圾等固体废物。生活垃圾产生量为 0.75t/a，建筑垃圾主要包括砂石、石块、碎砖、废木料、废金属、废钢筋等，产生量约为 20 t/a。生态类影响主要为水土流失，建设期间场地基础开挖加剧扰动地表和土壤侵蚀，造成土质疏松，导致施工场地在雨季受雨水冲刷后产生水土流失。

2. 运营期

项目在运营期内无生产废水产生，水污染以生活污水为主，产生量为 1824m³/a，主要污染物为 COD、SS、动植物油、氨氮及总磷。运营期产生大气环境影响的废气污染源主要为焊接废气及施胶废气，均为无组织排放废气。每吨焊条焊接烟粉尘产生量为 7～9kg/t，项目焊条用量为 10.0t/a，则焊接烟粉尘产生量约为 0.08t/a。施胶废气主要为有机废气，项目在加工合成过程中使用聚醚材料，因此施胶过程中会有较少量的 VOCs 产生。运营期噪声源为运输车辆，噪声具体产生情况如表 7.16 所示。

表 7.16　青山钢铁物流加工项目运营期噪声产生情况

噪声源	源强/dB(A)	产生位置
运输车辆	75～90	道路、停车场
水泵	75～85	广场地下主入口
发电机	85～95	地下工作间
加工设备	75～95	加工区
装卸货物	75～85	物流仓储区

项目运营过程中产生的生活垃圾、中水处理站污泥、焊接焊条头、包装废料（胶水桶）、隔油池油污和生产加工过程产生的边角料等可能对土壤环境造成污染。生活垃圾产生量约为 15t/a，污泥产生量约为 48t/a，边角料产生量约为 25t/a，包

装废料产生量约为 2.5t/a，焊接焊条头产生量约为 2t/a。

3. 退役期

项目运营期满后，不涉及污染场地修复问题，初步计划通过绿化等方式增加生态价值，新增绿化面积约占建筑面积的 20%。

7.4.3 环境影响经济损益分析

1. 环境影响因素识别

根据项目环境影响评价报告书识别项目实施后各时期的主要生态环境影响，以及外排入自然环境的污染物，并记录其实物量（表 7.17）。

表 7.17　青山钢铁物流加工项目主要生态环境影响及实物量

时期	生态类		非生态类						
	影响类型	实物量	水环境		大气环境		声环境		土壤环境	
			污染物	实物量	污染物	实物量	污染物	实物量	污染物	实物量
建设期	水土流失	1372.32t	养护清洗废水 / 生活污水	0（沉淀后用于项目区洒水抑尘）	焊接烟尘 / 尾气 CO、THC、NO_x	0.08t/a / 少量	机械及车辆噪声	80～95dB	建筑及生活垃圾 / 污泥	0（定期清运）
运营期	—	—	COD / 石油类 / 氨氮 / 总磷 / SS	0.27t/a / 0.04t/a / 0.04t/a / 0.01t/a / 0.04t/a	扬尘 / 施胶VOCs	少量 / 少量	设备噪声	75～90dB	生活垃圾 / 生产废料 / 污泥 / 焊条头	0（定期清运）
退役期	植被恢复	11465.3m²	—	—	—	—	—	—	—	—

各类生态环境影响中，由于项目为点状工程，建设期占地影响较小，但场地基础开挖会加剧扰动地表与土壤侵蚀，造成土质疏松，导致施工场地雨季受雨水冲刷后产生一定程度的水土流失。建设期产生的废水经沉淀池沉淀后用于项目区洒水抑尘，对水环境影响较小，同时可有效抑制建设期扬尘。建设期燃油器械、机动车尾气及运营期施胶 VOCs 经扩散或通风排气设施处理后少量外排，对大气环境影响较小。建设期与运营期对土壤环境产生污染的固体废物均由环卫部门或资质单位定期清运，因此土壤环境影响较小。

2. 实物量货币化

按项目运营期为 30 年计算,货币化以《中华人民共和国环境保护税法》中"环境保护税税目税额表"为依据,噪声超标 7～9dB 每月税额 1400 元,大气污染物每污染当量税额 1.2～12 元,水污染物每污染当量税额 1.4～14 元。该项目以云南省大气污染物、水污染物应纳税额标准为换算依据:大气污染物每污染当量税额为 2.8 元,水污染物每污染当量税额为 3.5 元。

水土流失直接经济损失为养分、水分与泥沙流失损失累加,养分流失损失采用市场价值法计算,计算公式为

$$A_i = S \times Q_i \times E_i \times P_i$$

式中,A_i 表示营养元素 i 流失损失(元);S 代表土壤流失量(t/a);Q_i 代表土壤中营养元素 i 的质量分数(10^{-6});E_i、P_i 分别为元素 i 折算成无机盐的系数与价格(元),一般考虑氮、磷、钾三种元素。

水分与泥沙损失采用影子工程法计算,计算能替代被流失的土壤水分的补偿工程所需的费用。分别以农用水库工程与拦截泥沙工程作为替代物,计算式可表示为

$$B = S_a \times D \times B_d \times W \times M$$
$$C = S \times G / B_d$$

式中,B 和 C 分别为农用工程与拦截泥沙工程建设所需费用(元);S_a 代表土壤流失面积(km^2);D 代表所流失的土壤厚度(mm/a);B_d 代表土壤容量(g/cm^3 或 t/m^3),取平均值 1.25g/cm^3;W 为土壤平均含水量(%);M 与 G 分别为修建农用水库与拦截泥沙工程投资费用单价(元);S 代表拦截泥沙量(t)。

3. 建立指标体系

青山钢铁加工物流项目的环境影响经济损益指标体系依据货币化结果建立(表 7.18)。

表 7.18　青山钢铁物流加工项目环境影响经济损益指标体系(单位:万元)

时期	生态类		非生态类							
			水环境		大气环境		声环境		土壤环境	
	指标	经济损益	指标	经济损益	指标	经济损益	指标	经济损益	指标	经济损益
建设期	水土流失	-12.59	养护清洗废水 生活污水	—	焊接烟尘 尾气 CO、THC、NO$_x$	-0.31 —	机械及车辆噪声	-1.68	建筑及生活垃圾 污泥	—

时期	生态类		非生态类							
			水环境		大气环境		声环境		土壤环境	
	指标	经济损益	指标	经济损益	指标	经济损益	指标	经济损益	指标	经济损益
运营期	—	—	COD	-2.83					生活垃圾	
			石油类	-2.63	扬尘	—	设备噪声	-11.56	生产废料	
			氨氮	-0.53					污泥	—
			总磷	-0.42	施胶 VOCs	—			焊条头	
			SS	-0.11						
退役期	植被恢复	+15.40	—	—	—	—	—	—	—	—

4. 分析评价

青山钢铁物流加工项目全生命周期环境影响经济损益为-17.26 万元（表 7.19）。建设期环境影响以开挖导致的水土流失为主，运营期则以非生态的噪声影响为主，表现为设备运行的机械噪声。项目计划在退役后采取一些绿化覆土措施，这些措施可带来一定的生态效益，减缓环境影响经济损失。

表 7.19　青山钢铁物流加工项目环境影响经济损益分析结果（单位：万元）

时期	指标类型	经济损益
建设期	水土流失	-12.59
	大气环境	-0.31
	声环境	-1.68
	小计	-14.58
运营期	水环境	-6.52
	声环境	-11.56
	小计	-18.08
退役期	植被恢复	+15.40
	小计	+15.40
	合计	-17.26

第8章 环境影响经济损益分析在环境污染损害司法鉴定中的应用

8.1 个人利益经济损失评估

8.1.1 朔州市电厂漏水导致果园植物死亡案

2014 年 2 月，原告发现其果园内积水严重，朔州市环保局经现场实地查看和挖掘查找，发现某发电厂位于原告果园南侧的水源泵房供水母管漏水，园内植物死亡起因于电厂漏水导致园内积水时间过长，且电厂偷排工业垃圾对原告耕地造成经济损失。朔州市中级人民法院委托山西省环境污染损害司法鉴定中心，对案件纠纷中植物死亡是否由电厂排水污染引起、电厂排水造成的经济损失，以及电厂偷排工业垃圾对耕地造成的经济损失进行司法鉴定。

以《环境污染损害数额计算推荐方法（第Ⅱ版）》《农业环境污染事故司法鉴定经济损失估算实施规范》等技术指导文件为依据，以原告承包的果园及果园南侧发电厂的东线明渠和水源泵房供水母管为鉴定评估范围，司法鉴定人、有关专家和工作人员对评估范围进行了实地调查、测量和监测。

原告承包的果园南侧紧邻发电厂的水源泵房供水母管和东线明渠。受损的果园主要包括杏树园、桃树园、果园大棚及苹果树和桃树混栽园。受损杏树园面积约 2.196 亩，栽种的杏树全部死亡。受损桃树园分为两个地块，面积分别为 1.69 亩和 3.742 亩，共计 5.432 亩；桃树以山桃作砧木，属嫁接品种，全部死亡，株行距为 1m×1m。果园大棚为桃树和杏树混栽，数量对半，现存大棚面积 1.18 亩，已拆掉大棚面积 1.168 亩，株行距为 1m×1.2m，现存活砧木 17 株，其余全部死亡。苹果树和桃树混栽园面积约为 6.776 亩（含果园中房屋面积），其中种植的苹果树定植于 2006 年，死亡 30 株，干径平均粗度 42.3cm（周长）；桃树定植于 2013 年，死亡 65 株。果园内被工业建筑垃圾压占的土地面积约 4.573 亩，建筑垃圾平均堆高约 2m，位于果园东侧。

为了解发电厂东线明渠排水和果园内渗透水中的主要污染物浓度，以 pH、硫化物、氯化物、氟化物、全盐量为主要检测项目，鉴定机构对电厂东线明渠内水样及果园内渗透水样进行采样监测。

鉴定机构综合委托方提供资料、现场调查结果及相关数据标准综合分析，水质的各项数据均在合理的范围之内，不存在因水质污染导致果树死亡的问题，果园内果树死亡的主要原因在于果树长时间遭受积水浸泡，果树根系长期浸泡在水中（或土壤含水量高），失去吸收功能。相关资料显示，电厂供水母管出现破裂发生渗水和漏水外排现象，造成申请人承包的果园内积水严重，且时间长达数月。

以不同树种园区内果树种植数量、树龄、平均亩产量及市场价格等数据为支撑，量化原告损失如下。

杏树全部死亡的果园面积约 2.196 亩，园内杏树属于三年生杏树，但其生长量只能达到一年生杏树的生长量，故按照一年生杏树进行损失计算。按照正常技术管理规程，被鉴定杏树果实每年亩产量应为 1200kg 左右。参照杏树果实的市场价格约 4 元/kg，杏树园损失为：1200kg/(亩·a)×2.196 亩×4 元/kg×1a＝10540.8 元。

桃树园面积 5.432 亩，株行距 1m×1m，桃树以山桃作砧木，所嫁接的品种均未成活。由于山桃砧木存活而嫁接品种死亡，因此属于嫁接技术问题，与水害无关。此次鉴定对于桃树园中的桃树，可认定为无损失，故只对原告提供的 1599 株桃树苗死亡造成的损失进行鉴定。一般山西中北部地区桃树盛果期的亩产量为 1500～2000kg/(亩·a)，此次鉴定按照亩产量 1800kg/(亩·a) 计算。按照株行距 1m×1m 测算，每亩栽种桃树 667 株。单株产量为：1800kg/(亩·a)÷667 株/亩＝2.7 kg/(株·a)。桃树苗被鉴定于死亡前一年种植，依据果树死亡需及时补植的技术操作规程，补栽后会导致延迟两年结果的损失。桃树果实价格确定为 3 元/kg。故 1599 株死亡桃树苗造成的全部损失为：2.7kg/(株·a)×1599 株×3 元/kg×2a＝25903.8 元。

现存大棚面积 1.18 亩，桃树和杏树混栽，数量对半，株行距 1m×1.2m。现存大棚砧木存活 17 株。根据现场对死亡桃树和杏树干径粗度的测量，生长量只有两年，因此按照两年损失计算。根据大棚面积和株行距及存活的果树数量测算，死亡果树数量为 753 株。按照桃树和杏树对半计算，死亡桃树和杏树各为 376 株。参照杏树园和桃树园损失计算的标准和方法，大棚杏树损失折算总计为 6492.1 元，大棚桃树损失折算总计为 7303.6 元。

被鉴定死亡苹果树共计 30 株，全部为盛果期树，此次鉴定采用干截面积法计算死亡果树单株产量。死亡苹果树干径平均粗度为 42.3cm/株（周长），主干截面积为 143.1cm^2/株。依据中国农业科学院果树研究所研究成果，单位干截面积苹果产量为 0.4kg/(cm^2·a)，故被鉴定 30 株死亡苹果树盛果期的年产量为：主干截面积（143.1cm^2/株）×单位干截面积产量[0.4 kg/(cm^2·a)]×果树数量（30 株）＝年产量（1717.2kg/a）。依据《山西省涉案物品价格鉴定操作规程（试行）》规定，被鉴定苹果平均市场价格确定为 2.6 元/kg，被鉴定死亡苹果树的全部损失为：年产量（1717.2kg/a）×幼树树龄（3a）×2.6 元/kg＝13394.2 元。

桃树现场死亡 65 株，未进入盛果期，按两年损失计算。参照桃树园损失的计算标准和方法，混栽果园桃树损失为 10800 元。

此外，果园东侧耕地被建筑垃圾压占，无法耕种，压占耕地面积约为 4.573 亩。由于委托方未提供工业垃圾压占耕地的具体年限，此次鉴定按照压占耕地时间为三年进行计算。参照《山西省人民政府关于调整全省征地统一年产值标准的通知》（晋政发〔2013〕22 号）中朔州市朔城区 1436 元/(亩·a)的全区平均统一年产值标准，工业垃圾压占耕地造成的经济损失为：耕地面积（4.573 亩）×耕地平均年产值[1436 元/(亩·a)]×压占耕地年限（3a）=19700.5 元。

故发电厂排水污染造成原告果园内果树的经济总损失为 74434.5 元。此外，计算得发电厂偷排工业垃圾对原告的耕地造成的经济损失为 19700.5 元。

8.1.2　邢台市倾倒危险废物案

2016 年 7 月，邢台市公安局开发区分局委托山西省环境污染损害司法鉴定中心，对犯罪嫌疑人向深泽县某坑塘水面倾倒 407520kg 危险废物（废盐酸）所造成的生态环境损害数额进行司法鉴定。

经现场调查确认，废盐酸倾倒点位于居民生活区西侧，与整个水面相连。倾倒点及周边有恶臭，西侧为坑塘水体，水体呈黑色，南侧堆放有生活垃圾、建筑垃圾、工业垃圾等，东侧和北侧种植有玉米。倾倒点附近有居民楼、日化品生产企业等。

为了解倾倒的废盐酸中污染物成分，核算此废盐酸的处置成本，以 pH、铬、六价铬、镍、铅、锌、铜、镉为主要检测项目，鉴定机构对倾倒的废盐酸进行采样监测，对坑塘水面现有水体的面积、体积、倾倒点到厂房和居民楼的最近距离进行测绘。测绘结果显示，现有水体面积 17212.88m^2，现有水体体积 58430.8m^3，倾倒点距居民楼最近距离 158m，倾倒点距厂房最近距离 117m。

根据深泽县国土资源局出具的深泽县土地利用总体规划图（2010 年—2020 年）及相关材料显示，该区域规划性质为水域，利用类型为坑塘水面。结合现场调查情况，该区域不是源头水保护区域，不属于国家自然保护区和饮用水源地保护区，也不是工业用水区和娱乐用水区，无种植和养殖功能。因此，此次鉴定中的水体按水域功能最低标准Ⅴ类进行测算。

按照现行的治理技术和水平，治理含有重金属的强酸性液体造成的水体污染，达到消除污染的目的，需将坑塘内的水和淤泥全部抽出，运送至具有处理危险废物资质的机构进行处置，一般处置过程为：对水进行中和、沉淀、氧化还原、过滤等处理，对淤泥进行脱水、浓缩、焚烧、固化、填埋等处理。如按照上述方法进行治理，治理现有水体的工程费用、危险废物运输费用、危险废物处置费用会十分昂贵，而且还未考虑含有重金属的废盐酸对周围土壤和地下水的影响。

由倾倒的 407520kg 废盐酸造成环境污染所致生态环境损害的恢复成本远远大于其收益，因此鉴定中心采用治理成本法对生态环境损害数额进行鉴定。治理成本法适用于环境污染所致生态环境损害无法通过恢复工程完全恢复、恢复成本远远大于其收益或缺乏生态环境损害恢复评价指标的情形，其中治理成本是指工业企业或污水处理厂治理等量的排放到环境中的污染物应该花费的成本。此外，《突发环境事件应急处置阶段污染损害评估技术规范（征求意见稿）》附录中指出，生态环境损害量化可以将受污染影响区域的环境功能敏感程度分别乘以 1.5～10 倍作为环境损害数额的上下限值。该案中，含有重金属的废盐酸进入坑塘水面造成的水体污染，还有可能进一步影响周边环境介质。在不考虑其他企业排污等混杂因素的影响，仅考虑此废盐酸单独进入水体的情况下，407520kg 的废盐酸倾倒进入整个坑塘水面可使水体达到酸性。结合现场调查和测绘情况，倾倒点距居民楼最近距离 158m，且水体紧邻居民区，部分居民在水体西北侧沿岸居住生活。因此，$58430.8m^3$ 的酸性水体位于居民生活区，对居民健康及人身安全存在较大隐患。但考虑该水体及周边环境中不具有源头水、国家自然保护区、饮用水源等高度敏感点，生态环境损害数额的计算倍数取 2.3 进行计算。

结合当年河北省环境保护厅公布的《河北省危险废物经营许可证发放情况表》中具有 HW34 废盐酸处置资质的单位的名单进行调研，危险废物处置成本核算单位选定距离鉴定区域最近的廊坊莱索思环境技术有限公司，核算处置此危险废物（废盐酸）的成本价格为 2560 元/t。根据处置危险废物（废盐酸）的成本价格为 2560 元/t 以及计算倍数为 2.3，对生态环境损害数额进行计算，生态环境损害数额＝治理污染物成本×计算倍数＝污染物排放量（407.520t）×单位污染物治理成本（2560 元/t）×计算倍数（2.3）＝2399477.76 元。

8.1.3 某地居民宅基地石油泄漏案

2014 年 12 月 14 日晚，被告使用、管理的输油管线原油发生泄漏，泄漏的原油从申请人宅基地西北角的房间内溢出，致使原告宅基地范围内的土壤受到污染。

经现场调查、采样监测、鉴定分析等环节，山西省环境污染损害鉴定中心对宅基地范围内选定点及对照点土壤样品进行了对比检测分析，以对照区域的土壤背景值中总石油烃含量为基线估算污染土壤体积，鉴定区域受石油泄漏影响的土壤体积约为 $589.17m^3$。基于场地为居民居住区的性质条件，修复目标及要求确定为修复周期短、无残留、防止周边污染物继续污染侵害、避免影响周围其他居民，此次鉴定选用"清挖+污染物处置+污染阻隔+新土回填"的修复模式。

在委托方、双方当事人及律师共同在场的情况下，中心司法鉴定人带领技术人员前往鉴定区域进行了现场调查。现场调查情况如下：申请人宅基地占地面积为 760m², 宅基地东西长约 19m, 南北长约 40m, 海拔高度约 6.70m。宅基地南北各有一个庭院, 庭院内土质类型为砂壤土。宅基地南院以东建有东邻住房, 南院以西建有西邻住房 (中间隔有狭窄小道), 南院南墙外为道路 (中间隔有水渠); 宅基地北院以西种有蔬菜, 北院以北以东为杂草丛。宅基地范围内房间总计 13 间, 房间地面均已进行了水泥硬化, 其中 12 间房间内留有石油痕迹, 地面呈黑色。南北两院的地面较房屋地面明显偏低, 未进行水泥硬化, 院内未发现水井。南院内堆积有油槽、油桶及其他杂物; 北院长有少量杂草, 一些低洼处仍残留有少量黑色油状物质和积水。石油泄漏位置位于申请人宅基地北院, 现场发现北院西北角接有一根黑色橡胶管。整块宅基地的地势为北高南低, 西高东低。

根据《场地环境监测技术导则》(HJ 25.2—2014) 中关于 "场地内土地使用功能不同及污染特征明显差异的场地, 可采用分区布点法进行监测点位的布设" 的规定, 结合鉴定区域中房间地面均进行了水泥硬化, 南北两院内的土壤进行过挖掘和清理的实际情况, 该案环境监测的布点方法采用分区布点法。鉴定机构对鉴定区域内所布设点位的表层土壤 (0～20cm) 和深层土壤 (30～150cm), 于 22 个监测点位取样 53 个, 对土壤中总石油烃浓度进行采样分析。申请人宅基地西侧约 30m 处以及南侧马路对面分别设置两个土壤背景对照采样点, 各点位分别采集了表层 (0～20cm)、50cm、100cm 处的剖面土壤样品。检测结果显示, 鉴定对照区域的土壤背景值中总石油烃浓度均低于方法检出限。

申请人宅基地范围内土壤中总石油烃含量检测结果显示, 北院、南院土壤均检出总石油烃, 部分受石油污染的土壤深度超过 120cm, 其中北院 7 个监测点位共 19 个监测样品中土壤总石油烃浓度最高可达 7.65×10^3 mg/kg, 南院 6 个监测点位共 16 个监测样品中土壤总石油烃浓度最高可达 1.38×10^3 mg/kg。

《国家危险废物名录》(2016 版) 中规定, 危险化学品、危险废物造成的突发环境事件及其处理过程中产生的废物为危险废物。石油原油属于《危险化学品目录 (2015 版)》中列明的物质, 因此此次鉴定区域内受石油泄漏事件影响的土壤属于《国家危险废物名录》(2016 版) 中规定的危险废物。

根据《生态环境损害鉴定评估技术指南 总纲》中 "基线的确认方法", 基线利用未受污染环境或破坏生态行为影响的相似现场数据确定, 即利用 "对照区域" 数据。因此, 此次鉴定选择对照区域的土壤背景值中总石油烃含量水平作为基线进行污染土壤体积和环境修复费用的估算。

此次鉴定区域为 19m×40m 的宅基地, 而传统网格法中网格间距通常为 10～20m, 为了更精确地测算受石油泄漏影响的土壤体积, 网格间距设定为 1m, 此次鉴定选用 "取样分析+Surfer 空间插值" 方法。此次鉴定根据现场采样点位及宅基地范围进行采样点坐标化处理, 根据采样点网格化坐标示意图确定样点网格化二维坐标，根据鉴定区域所布设土壤采样点位的土壤样品总石油烃检测值确定采样点所在位置污染深度，并结合采样点网格化二维坐标得到采样点三维坐标；利用Surfer 软件中的克里金（Kriging）插值法进行差值模拟计算，得到现场土壤污染深度等值线图；利用软件中辛普森公式及上文插值计算所得的数据进行体积计算。经测算，鉴定区域受石油泄漏影响的土壤体积约为 589.17m³。

　　根据现场调查情况，鉴定区域场地性质为居民居住区，敏感受体为与土壤接触的居民。委托方提出以清除申请人宅基地范围内受石油泄漏影响的土壤，防止申请人宅基地范围外泄漏的石油对申请人宅基地持续侵害为修复目标。经与受石油泄漏影响的场地利益相关方进行沟通，委托方继续提出修复周期短、无残留、防止周边污染物继续污染侵害、避免影响周围其他居民的修复要求。综合考虑污染场地条件、修复目标和修复要求等因素，此次鉴定选用"清挖+污染物处置+污染阻隔+新土回填"的修复模式，即对申请人宅基地范围内受石油泄漏影响的土壤进行清挖并按国家有关规定进行处置，同时对申请人的宅基地进行污染阻隔和新土回填处理。

　　经估算，将原告宅基地范围内土壤修复到损害发生之前的状态和功能所需的费用约为 1959452.8 元。具体费用如下：

　　（1）清挖费用=清挖成本×土壤污染体积=12.383 元/m³×589.17m³=7295.69 元。

　　（2）污染物处置费用=污染物处置成本×土壤污染体积×土壤容重=2 元/kg×589.17m³×1.50kg/dm³=1767510.00 元。

　　（3）污染物运输费用=运输单价×土壤污染体积×土壤容重×运输距离=1.5 元/(km·t)×589.17m³×1.50kg/dm³×100km=132563.25 元。

　　（4）污染阻隔费用=砼基础垫层木模板费用+直形墙复合木模板木支撑费用+C25 现浇砼砼墙费用，其中，砼基础垫层木模板费用=砼基础垫层木模板成本 ×垫层周长×垫层厚度=31.993 元/m²×(40m+19m)×2×0.15m=566.28 元，直形墙复合木模板木支撑费用=直形墙复合木模板木支撑成本×隔离墙模板面积=41.574 元/m²×(40m+19m)×2×1.5m=7358.60 元，C25 现浇砼砼墙费用=C25 现浇砼砼墙成本×隔离墙体积=355.935 元/m³×(40m+19m)× 2×0.3m×1.5m=18900.15 元。故污染阻隔费用为26825.03 元。

　　（5）新土回填费用=外购黄土费用+填土机械碾压费用，其中，外购黄土费用=回填土方×外购黄土成本=736.46m³×25 元/m³=18411.50 元，填土机械碾压费用=填土机械碾压成本×589.17m³=11.622 元/m³×589.17m³=6847.33 元。故新土回填费用为 25258.83 元。

　　此外，山西省环境污染损害司法鉴定中心针对此次石油泄漏事件开展土壤环境污染损害司法鉴定的费用为 20 万元。

8.2　公共利益经济损失评估

8.2.1　天津市大张庄镇倾倒废酸案

2013 年 2 月，被告人宋某某购买半挂式货车一辆和大罐一个用于运送废酸。被告人李某某在明知宋某某没有处理废酸资质的情况下以每吨 40 元的价格持续向被告人宋某某提供其经营的天津市宏庆强化工产品经销有限公司的废酸。被告人宋某某先后雇佣另三名被告人驾驶车辆拉运废酸，并指使其将废酸倾倒在天津市北辰区大张庄镇南麻疸村村南 205 国道北侧的明渠内，前后共计 2000t 左右，造成了严重的环境污染。

案件发生后，天津市北辰区环保局立即组织人员开展此次环境污染案件的现场调查，采取了相应的应急处置措施，并委托天津市环境污染损害鉴定评估中心开展有关环境污染损害鉴定的评估工作，对环境污染导致的损害范围、程度进行评估，初步估算污染损害的相关费用，并出具鉴定意见和评估报告，为司法机关审理环境污染案件提供专业技术支持。

评估中心向公安机关和环保等有关部门了解此次案件的相关情况，收集资料并进行现场踏勘，初步判定了污染事件的性质、污染对象、范围及是否超过环境基准。

经对排污罐车内液体和 205 国道北明渠倾倒点废液残留物的采样分析，评估中心确认该酸性废液是具有腐蚀性的危险废物。此次环境污染事件可能污染的范围通过分析初步确定为：从 205 国道北明渠倾倒地点往东北至小南河，小南河往东至与永金引河的交汇处。污染水体约 15.7 万 m^3。

之后，评估中心根据《环境污染损害数额计算推荐方法（第 I 版）》，采用虚拟治理成本方法测算出酸性废液的直接处置费用为 400 万元，将受污染影响区域的环境功能敏感程度乘以相应的系数作为污染修复的费用，估算出此次污染案件的污染修复费用最低为 600 万元。

8.2.2　西安市污水处理厂污泥处置案

2016 年 8 月，西安市环境保护局委托山西省环境污染损害司法鉴定中心，对其巡查中在某地发现的大量污水处理厂污泥的处置费用进行司法鉴定。

鉴定机构经现场调查，与委托方确认污泥倾倒位置及范围后，结合委托方提供的土地利用总体规划图对污泥坑进行编号。1～6 号污泥坑周围以荒地为主，其中 1～5 号污泥坑的土地规划类型为基本农田保护区，6 号污泥坑的土地规划类型为允许建设区（村镇建设用地区）；7~11 号污泥坑位于某村东侧，周围为建筑工地，土地规划类型为允许建设区（村镇建设用地区）。编号完成后，中心司法鉴定人前往污泥倾倒地以污泥的含水率、污泥中重金属含量为检测项目组织开展采样监测和现场测绘工作。结果显示，污泥坑总面积为 36550.26m²，总容积为 49192.5m³。其中，压占基本农田的污泥坑（1~5 号）总面积为 17688.98m²，总容积为 14432.3m³；压占村镇建设用地的污泥坑（6~11 号）总面积为 18861.28m²，总容积为 34760.2m³。

由于城镇污水处理厂产生的污泥含水率高（75%~99%），含有病原体、重金属和持久性有机物等有毒有害物质，未经有效处理处置极易对地下水、土壤等造成二次污染，直接威胁环境安全和公众健康。《中华人民共和国固体废物污染环境防治法》第十七条规定，收集、贮存、运输、利用、处置固体废物的单位和个人，必须采取防扬散、防流失、防渗漏或者其他防止污染环境的措施；不得擅自倾倒、堆放、丢弃、遗撒固体废物。此案中，污泥含水率在 83.4%~86.05%的范围内，高于《城镇污水处理厂污泥泥质》（GB 24188—2009）中污泥含水率小于 80%的规定；污泥的 pH 和总砷、总镉、总铜、总铅、总铬、总汞、总镍、总锌等重金属检测结果均符合《城镇污水处理厂污泥泥质》（GB 24188—2009）中规定的泥质选择性控制指标及限值。

目前，我国常用的污泥处置技术包括污泥混合填埋、污泥土地利用和污泥焚烧。计算时，污泥处置成本估算以 1t 干污泥（DS）为计算基准，综合成本=运行成本+设备折价成本。结合实际情况，运行成本以 85%的污泥初始含水率、30km 的运输距离以及目前较为成熟的处置方式进行估算。设备折价成本取 15 年为使用年限，年折旧 7%，社会利率 10%，即年折价 17%，设备年工作时数以 8000h 计，设备折价成本=设备价格×折旧指数×0.17÷8000。

污泥混合填埋操作简单，但我国现有的大部分填埋场存在设计建造标准低、缺乏污染控制措施、稳定性差等问题，导致散发气体和臭味，污染地下水，不能保证填埋垃圾的安全，只是延缓污染但没有最终消除污染。

堆肥处理城市污泥的处置成本低且可使污泥资源化利用，但首先应切实评估施用污泥堆肥的潜在环境风险。此案中，污泥的 pH 和总砷、总镉、总铜、总铅、总铬、总汞、总镍、总锌等重金属检测结果均符合《城镇污水处理厂污泥处置 农用泥质》（CJ/T 309—2009）中规定的 B 级污泥污染物浓度限值，且堆肥处理的持续高温可以确保杀灭病菌，保证污泥的农用安全。

污泥焚烧减量效果最为显著、占地面积最小，但综合成本最高，设备维护要求高，环保风险较大，污泥中含有的多种有机物在焚烧时会产生大量有害物质，如二噁英、SO₂等。

污泥处置方式中以堆肥方式成本最低，约 490.142 元/t 干污泥；填埋方式约 1088.08 元/t 干污泥；焚烧方式成本最高，约 1498.73 元/t 干污泥。堆肥方式的成本低于填埋方式，显著低于焚烧方式。综合比对分析填埋、堆肥、焚烧三种污泥处置方式优缺点及成本，结合现场调查中根据污泥坑周围土地利用类型提出的修复要求，堆肥处理实现污泥的资源化利用，科学合理施用下可以保证卫生安全及重金属安全，同时较为经济可行，是污泥处置技术的主要发展方向。鉴定中污泥处置费用采用处置成本最低的污泥堆肥无害化处理方式进行估算，现场测绘的 49192.5m³ 污泥的处置费用为 3978366 元。

8.2.3 西安市雁塔区倾倒废酸污染土壤案

2014 年 4 月，西安市雁塔区发生了一起倾倒工业废酸污染土壤案件。前期调查中，当地环保部门认定案中废酸倾倒量约为 20t；倾倒方式为渗坑排放；现场土壤检测结果为除 pH 外，重金属铜、锌、铅、镉、镍等均不超标；现场地下水检测结果为均不超标。

案件进入司法程序后，西安市环境保护局雁塔分局委托山西省环境污染损害司法鉴定中心根据提供的案件资料，针对可能受损的生态环境现状，鉴定工业废酸非法排放事件是否造成环境污染并可能导致环境损害；若造成损害，则确定环境损害的类型、范围和程度；针对受损生态环境现状，提出污染修复和生态恢复方案，估算污染修复和生态恢复费用，测算环境损害的总损失。

根据委托方提供的案件材料，经多次现场勘查和初步监测，鉴定机构制定了现场监测方案并组织实施。事故倾倒处、渗坑位置、化学品汇集区域、化学品漫流区域及倾倒场地周边布设了土壤环境质量监测点，评估区域周边的浅水井布设了地下水环境质量监测点，监测指标为 pH 及铜、锌、铅、镉、镍等重金属。监测点位和指标与委托方提供的监测报告上的点位和指标基本上保持一致。

经检测分析，工业废酸倾倒场地土壤环境中镍、锌和总铬含量超过规定的Ⅱ类土壤标准值和未污染参照点土壤环境质量检测结果，且土壤酸性极强，污染面积约 600m²，体积约 300m³。倾倒场地周边地下水环境未发现超过《地下水质量标准》（GB/T 14848—1993）中规定的Ⅲ类水质标准的现象。

鉴定发现，倾倒场地的土壤酸污染现状与此次化学品倾倒事件间存在因果关系，但由于污染源样品及相关来源信息的缺失，委托方提供的监测报告显示鉴定评估区域土壤中的重金属含量均不超标，且现场未加保护而不能排除后来倾倒污染所致的可能，无法判定倾倒场地的镍、锌、总铬重金属污染现状与此次化学品倾倒事件间是否存在因果关系。

此案中，环境污染损害总损失主要从财产损害、修复费用及事务性费用等方面进行了测算。财产损害依据《农业环境污染事故司法鉴定经济损失估算实施规范》，采用直接市场价值法进行测算评估。修复费用依据《污染场地修复技术目录（第一批）》，根据筛选的修复方案进行估算。事务性费用依据《环境损害鉴定评估推荐方法（第II版）》，按实际支出进行了汇总统计。

8.2.4 阳泉市废机油桶拆解场地环境污染案

2017年3月31日，阳泉市环境保护局在检查过程中发现，某收购站正在拆解废机油桶，拆解场地无硬化防渗措施，地面呈黑色油状。经查，该收购站无危险废物经营许可证，也未办理相关环保手续。检查当日，阳泉市环境监察大队委托山西省环境污染损害司法鉴定中心对该收购站在拆解废机油桶过程中导致土壤污染所造成的公私财产损失进行司法鉴定。

资料显示，该收购站从2014年6月开始从事经营活动，主要经营范围为收购废钢。自2016年8月开始，该收购站在未办理相关环保手续且无危险废物经营许可证的情况下开始收购废机油桶并进行拆解，拆解场地未进行硬化。拆解过程中，该收购站将桶内残留液进行集中收集后装入油桶内，有部分废机油洒落至地面，会随雨水流出拆解场地进入公路排水渠中。

根据司法鉴定意见书（危险废物鉴定）测算结果，受污染的土壤体积为174.2m³；《污染场地风险评估技术导则》（HJ 25.3—2014）中附录G的土壤容重推荐值1.5kg/dm³，即1.5t/m³；受污染土壤重量=受污染的土壤总体积×土壤容重推荐值=174.2m³×1.5t/m³=261.3t。经对收购站内的43个装有废机油的油桶进行称重，废机油（含桶）总重7.67t。

鉴定中心结合2017年山西省环境保护厅公布的山西省持有《危险废物经营许可证》单位一览表，对具有案中该类废矿物油及含矿物油废物处置资质的单位进行询价，其中山西省太原固体废物处置中心和广灵金隅水泥有限公司同意接收此次鉴定中涉及的受污染的土壤及废机油（含桶）。费用报价为：山西省太原固体废物处置中心（含收集、运输和处置）废机油（含桶）处置费用6500元/t，污染土壤处置费用7000元/t；广灵金隅水泥有限公司（含收集、运输和处置）废矿物油及含矿物油废物处置费用6800元/t。

拆解废机油桶导致土壤污染所造成的公私财产损失按照太原固体废物处置中心报价进行测算，公私财产损失=污染土壤处置费用+废机油（含桶）处置费用=7000元/t×261.3t+6500元/t×7.67t=1829100元+49855元=1878955元；

按照广灵金隅水泥有限公司报价进行测算，公私财产损失=处置单价×［受污染土壤重量+废机油（含桶）重量］=6800元/t×(261.3t+7.67t)=1828996元。

鉴定结果最终选取测算低值，即1828996元。

8.2.5　霍州市煤矸石非法倾倒生态环境破坏案

2012年5月起，霍州市多名村民利用村附近洗煤厂煤矸石再生产劣质煤用于销售。生产过程中产生的煤矸石直接倾倒于煤矸石加工场地附近的山沟内。经调查，非法倾倒场地共7处，共压占土地面积约200亩，其中包括旱地、林地、草地、裸地等。霍州市公安局委托山西省环境污染损害司法鉴定中心就该起煤矸石非法倾倒事件是否造成环境污染及明确污染损害范围和程度、该案污染行为是否致使土地基本功能丧失或者遭受永久性破坏、计算非法倾倒煤矸石导致环境损害的总损失三项主要内容组织开展鉴定工作。

鉴定机构经现场勘查、走访有关部门，收集到了煤矸石非法倾倒现场压占土地的类型、面积，煤矸石堆存现状、煤矸石来源及相关企业的环境影响评价报告等资料，并通过委托方向当地国土部门发函要求提供煤矸石堆放现场的原始地形地貌图，向农业部门发函要求提供相关农产品产量产值，向当地村委会调查有关土地使用情况及农产品产量产值等。鉴定机构委托有资质的地质工程勘查单位、监测单位分别对现状堆放的煤矸石体积进行测绘，对现状土壤肥力进行监测分析。依据《农业环境污染事故司法鉴定经济损失估算实施规范》，并参考《环境损害鉴定评估推荐方法（第Ⅱ版）》，鉴定机构从煤矸石清运费用、土地恢复费用、土地损失补偿费用、环境污染损害、事务性费用五个方面进行了损害鉴定评估。

其中，煤矸石清运费用是指将现状非法倾倒的煤矸石清运至专门的煤矸石堆放场地所需要的费用。运输距离经现场踏勘、绘制运输路线图计算，现有煤矸石量委托专业测绘单位进行体积测算，清运费用委托专业建筑工程造价师进行测算。

土地恢复费用是指将受损土地恢复至未被污染或破坏前所需要的费用，此案中旱地、林地、草地及裸地分别采取不同恢复费用标准进行了测算。旱地，根据《山西省实施<中华人民共和国土地管理法>办法》第二十一条规定，以缴纳土地复垦费的方式进行测算；林地，依据《山西省森林植被恢复费征收使用管理实施办法》中疏林地、灌木林地的森林植被恢复费标准进行测算；草地，依据山西省物价局、山西省财政厅《关于草原植被恢复费收费标准及有关问题的通知》中临时占用山地灌丛类草原植被恢复收费标准进行测算；裸地，由于在被压占裸地未造成污染的情况下，将裸地上压占的煤矸石进行清理即可，不需要进行修复，故不展开损害测算。

土地损失补偿费用以该土地被破坏（征收）前三年的平均年产量、价格、年产值等为计算要素，评估区域土地被压占期间的损失根据《山西省人民政府关于调整全省征地统一年产值标准的通知》进行测算。

自燃矸石的经济价值损失通过现场调查煤矸石自燃区域,估算自燃矸石体积、污染物排放量,利用亚洲开发银行《环境影响的经济评价:工作手册》中提供的煤矸石类污染物经济价值损失测算方法进行估算。

参 考 文 献

白永飞，黄建辉，郑淑霞，等，2014. 草地和荒漠生态系统服务功能的形成与调控机制[J]. 植物生态学报，38(2)：93-102.

曹东，田超，於方，2012. 解析环境污染损害鉴定评估工作流程[J]. 环境保护，40(5)：30-34.

陈刚，2016. 成本效益分析的美国经验与环保实践[J]. 环境保护，44(12)：62-64.

陈光炬，2018. 把握和践行绿水青山就是金山银山理念[EB/OL]. (2018-9-10) [2019-10-22]. http://theory.people.com.cn/n1/2018/0910/c40531-30282382.html.

陈建华，1989. 现代费用效益分析[J]. 农业技术经济，8(4)：5-9.

陈尚，张朝晖，马艳，等，2006. 我国海洋生态系统服务功能及其价值评估研究计划[J]. 地球科学进展，21(11)：1127-1133.

崔向慧，2009. 陆地生态系统服务功能及其价值评估[D]. 北京：中国林业科学研究院.

董战峰，王军峰，璩爱玉，等，2017. OECD 国家环境政策费用效益分析实践经验及启示[J]. 环境保护，45(2-3)：93-98.

傅伯杰，周国逸，白永飞，等，2009. 中国主要陆地生态系统服务功能与生态安全[J]. 地球科学进展，24(6)：571-576.

傅崇伦，荆玉兰，禤红英，1997. 环境费用效益分析[J]. 决策咨询，7(2)：68-71.

高晓蔚，范贻昌，1999. 建设项目环境效益评价体系的总体思路与方法[J]. 中国软科学，104(8)：102-104.

高雅，林慧龙，2014. 草地生态系统服务价值估算前瞻[J]. 草业学报，23(3)：290-301.

宫本宪一，2004. 环境经济学[M]. 朴玉，译. 北京：生活•读书•新知三联书店：20-25.

过孝民，张慧勤，1990. 我国环境污染造成经济损失估算[J]. 中国环境科学，10(1)：51-59.

韩依纹，戴菲，2018. 城市绿色空间的生态系统服务功能研究进展：指标、方法与评估框架[J]. 中国园林，34(10)：55-60.

何林，2011. 建设项目环境影响经济损益分析评价指标体系研究[D]. 成都：西南交通大学.

胡大锵，1996. 建设项目环境损益评估方法[M]. 北京：中国计划出版社.

蒋倩文，2014. 环境污染损害鉴定评估机制研究[D]. 长沙：中南林业科技大学.

蓝艳，刘婷，彭宁，2017. 欧盟环境政策成本效益分析实践及启示[J]. 环境保护，45(Z1)：99-103.

金鉴明，1994. 绿色的危机：中国典型生态区生态破坏现状及其恢复利用研究论文集[M]. 北京：中国环境科学出版社.

金欢，2015. 个旧高松矿田矿区地下水资源经济评价研究[D]. 昆明：云南财经大学.

李国斌，刘卓，欧阳宪，2002. 环境影响评价中费用效益分析的方法[J]. 环境科学与技术，25(3)：32-34.

李建政，王安理，范尚立，等，2010. 小秦岭金矿区废石资源综合利用试验研究[J]. 矿冶工程，30(6)：51-53.

李俊梅，龚相潍，张雅静，等，2019. 滇池流域森林生态系统固碳释氧服务价值评估[J]. 云南大学学报(自然科学版)，41(3)：629-637.

李雪飞，孔令宇，田珍，等，2018. 海洋生态系统服务功能评估在环境影响评价中的应用：以某填海工程为例[J]. 海洋开发与管理，35(5)：56-59.

李云燕，葛畅，2016. 环境费用效益分析：理论、应用与展望[J]. 环境保护与循环经济，171(9)：29-34.

刘军会，高吉喜，聂亿黄，2009. 青藏高原生态系统服务价值的遥感测算及其动态变化[J]. 地理与地理信息科学，25(3)：81-84.

刘世梁，安南南，王军，2014. 土地整理对生态系统服务影响的评价研究进展[J]. 中国生态农业学报，22(9)：1010-1019.

卢晓庆，2011. 我国煤炭开采综合效益评价研究[D]. 太原：山西财经大学.

罗猛，郭靖超，2002. 环境侵权问题探析[J]. 黑龙江省政法管理干部学院学报，(4)：86-87.

欧阳志云，王如松，赵景柱，1999a. 生态系统服务功能及其生态经济价值评价[J]. 应用生态学报，10(5)：635-640.

欧阳志云，王效科，苗鸿，1999b. 中国陆地生态系统服务功能及其生态经济价值的初步研究[J]. 生态学报，(5)：

19-25.

屈少科, 2008. 河南省土地生态系统服务价值研究[D]. 开封: 河南大学.

石洪华, 郑伟, 丁德文, 等, 2009. 典型海岛生态系统服务及价值评估[J]. 海洋环境科学, 28(6): 743-748.

唐秀美, 潘瑜春, 高秉博, 等, 2016. 北京市平原造林生态系统服务价值评估[J]. 北京大学学报(自然科学版), 52(2): 274-278.

王兵, 任晓旭, 胡文, 2011. 中国森林生态系统服务功能及其价值评估[J]. 林业科学, 47(2): 145-153.

王超, 1994. 水利建设项目环境影响经济损益分析[J]. 水利经济, 33(1): 29-33.

王明远, 2001. 环境侵权救济法律制度[M]. 北京: 中国法制出版社.

王旭光, 2016. 环境损害司法鉴定中的问题与司法对策[J]. 中国司法鉴定, V84(1): 2-8.

王壮壮, 张立伟, 李旭谱, 等, 2019. 流域生态系统服务热点与冷点时空格局特征[J]. 生态学报, 39(3): 70-81.

吴健, 2012. 环境经济评价: 理论、制度与方法[M]. 北京: 中国人民大学出版社.

谢高地, 张彩霞, 张昌顺, 等, 2015. 中国生态系统服务的价值[J]. 资源科学, 37(9): 1740-1746.

徐煖银, 郭泺, 薛达元, 等, 2019. 赣南地区土地利用格局及生态系统服务价值的时空演变[J]. 生态学报, 39(6): 1969-1978.

徐祥民, 巩固, 2007. 环境损害中的损害及其防治研究: 兼论环境法的特征[J]. 社会科学战线, (5): 203-211.

许妍, 高俊峰, 黄佳聪, 2010. 太湖湿地生态系统服务功能价值评估[J]. 长江流域资源与环境, 19(6): 646-652.

苟志远, 张群, 2005. 我国开展建设项目环境影响经济分析的探讨[J]. 环境保护, 321(13): 65-67, 70.

杨青, 刘耕源, 2018. 湿地生态系统服务价值能值评估: 以珠江三角洲城市群为例[J]. 环境科学学报, 38(11): 4527-4538.

於方, 张红振, 牛坤玉, 等, 2012. 我国的环境损害评估范围界定与评估方法[J]. 环境保护, (5): 25-29.

喻建华, 高中贵, 张露, 等, 2005. 昆山市生态系统服务价值变化研究[J]. 长江流域资源与环境, (2): 213-217.

于遵波, 2005. 草地生态系统价值评估及其动态模拟[D]. 北京: 中国农业大学.

曾贤刚, 2003. 环境影响经济评价[M]. 北京: 化学工业出版社.

张朝晖, 吕吉斌, 叶属峰, 等, 2007. 桑沟湾海洋生态系统的服务价值[J]. 应用生态学报, (11): 2540-2547.

张红振, 曹东, 於方, 等, 2013. 环境损害评估: 国际制度及对中国的启示[J]. 环境科学, 38(5): 1653-1666.

张红振, 王金南, 牛坤玉, 等, 2014. 环境损害评估: 构建中国制度框架[J]. 环境科学, 35(10): 4015-4030.

张黎娜, 李晓文, 宋晓龙, 等, 2014. 黄淮海湿地生态系统服务与生物多样性保护格局的耦合性[J]. 生态学报, 34(14): 3987-3995.

张庆才, 2015. 美国规制影响评估的政治逻辑[J]. 厦门大学学报(哲学社会科学版), (6): 145-156.

张瑜, 赵晓丽, 左丽君, 等, 2018. 黄土高原生态系统服务价值动态评估与分析[J]. 水土保持研究, 25(3): 170-176.

赵丹, 於方, 王膑, 2016. 环境损害评估中修复方案的费用效益分析[J]. 环境保护科学, 42(6): 16-22.

赵海兰, 2015. 生态系统服务分类与价值评估研究进展[J]. 生态经济, 31(8): 27-33.

赵玲, 郝胜宇, 2013. 自然资源游憩价值转移方法及其有效性比较[J]. 中国集体经济, (33): 39-40.

赵士洞, 张永民, 赖鹏飞, 2007. 千年生态系统评估报告集[M]. 北京: 中国环境科学出版社.

赵同谦, 欧阳志云, 郑华, 等, 2004. 中国森林生态系统服务功能及其价值评价[J]. 自然资源学报, (4): 480-491.

赵永华, 张玲玲, 王晓峰, 2011. 陕西省生态系统服务价值评估及时空差异[J]. 应用生态学报, 22(10): 2662-2672.

竺效, 2006. 中国海洋生态损害索赔第一案[J]. 绿叶, 13(2): 50-51.

周海林, 2015. 山西省公路建设项目环境影响经济损益货币化探讨[J]. 山西交通科技, 40(2): 70-72, 78.

訾晓杰, 2005. 煤炭建设项目环境影响经济评价方法及指标体系研究[D]. 西安: 西安科技大学.

Almeida C M V B, Mariano M V, Agostinho F, et al., 2018. Comparing costs and supply of supporting and regulating services provided by urban parks at different spatial scales[J]. Ecosystem Services, 30B(4): 236-247.

Barbier E B, 1994. Valuing environmental functions: Tropical wetlands[J]. Land Economics, 70(2): 155-173.

Constanza R, d'Arge R, de Groot R, et al., 1997. The value of the world's ecosystem services and natural capital[J]. Nature, 128(15): 253-260.

de Groot R S, Wilson M A, Boumans R M J, 2002. A typology for the classification, description and valuation of ecosystem functions, goods and services[J]. Ecological Economics, 41(3): 393-408.

European Environment Agency, 2018. Structure of CICES[EB/OL]. (2018-1-20)[2018-12-09]. https://cices.eu/cices-structure.

Gerner N V, Nafo I, Winking C, et al., 2018. Large-scale river restoration pays off: A case study of ecosystem service valuation for the Emscher restoration generation project[J]. Ecosystem Services, 30(4): 327-338.

Hynes S, Ghermandi A, Norton D, et al., 2018. Marine recreational ecosystem service value estimation: A meta-analysis with cultural considerations[J]. Ecosystem Services, 31C(6): 410-419.

Ingraham M W, Foster S G, 2008. The value of ecosystem services provided by the U.S. National Wildlife Refuge System in the contiguous U.S.[J]. Ecological Economics, 67(4): 608-618.

Loomis J, Kent P, Strange L, et al., 2004. Measuring the total economic value of restoring ecosystem services in an impaired river basin: Results from a contingent valuation survey[J]. Ecological Economics, 33(1): 103-117.

Mamat Z, Ümüt H, Keyimu M, et al., 2018. Variation of the floodplain forest ecosystem service value in the lower reaches of Tarim River, China[J]. Land Degradation & Development, 29(1): 47-57.

Miller K R, Mittermeier R A, Werner T B, et al., 1990. Conserving the world's biological diversity[J]. Gland, Switzerland, International Union for Conservatio of Nature and Natural Resources [IUCN], 1990, 3(2): 131-133.

Odgaard M V, Turner K G, Bøcher P K, et al., 2017. A multi-criteria, ecosystem-service value method used to assess catchment suitability for potential wetland reconstruction in Denmark[J]. Ecological Indicators, 77(6): 151-165.

Pearce D, Moran D, 2001. The economic value of biodiversity[J]. Encyclopedia of Biodiversity, 32(3): 291-304.

Richardson L, Loomis J, 2009. The total economic value of threatened, endangered and rare species: An updated meta-analysis[J]. Ecological Economics, 68(5): 1535-1548.

Sutton P C, Constanza R, 2002. Global estimates of market and nonmarket values derived from nighttime satellite imagery, land cover, and ecosystem service valuation[J]. Ecological Economics, 41(3): 509-527.

TEEB, 2010. The Economics of Ecosystems and Biodiversity Ecological and Economic Foundations[EB/OL]. (2018-3-30)[2018-12-09]. http://www.teebweb.org/our-publications/teeb-study-reports/ecological-and-economic-foundations/#.Ujr1xH9mOG8.

The World Bank, 1999. Environmental assessment sourcebook updates 1998 - 1999 (English) [EB/OL]. (2010-7-1) [2017-7-20]. http://documents.worldbank.org/curated/en/957181468741571823/Environmental-assessment-sourcebook-updates-1998-1999.

附表 2015年山西省各县（市、区）矿区生态环境损害量核算统计

（单位：万元）

县（市、区）	环境污染损失核算						生态破坏损失核算					土地恢复费用		总计
	人体健康和人类福利损失	废气治理投资费用	废水治理投资费用	固体废物堆存处置费用	堆存污染土壤损失	自然矿石治理费用	水资源破坏损失	水土流失损失	植被破坏引起水源涵养下降损失	占用和破坏土地经济损失	氧气释放损失	土地复垦费用	沉陷区恢复费用	
小店区	9.91	3.49	0	72.9	0.09	9.296	868.25	1251.39	2.668	2.91	37.454	14.26	416.16	2688.778
迎泽区	0	0	0	720	0	0	0	74.31	23.3	48.19	372.25	10299.73	3335.1	14872.88
杏花岭区	40.53	24.98	0	64.07	0.05	8.13	0	2692.18	2.66	8.01	65.62	2144.2	371.69	5422.12
尖草坪区	27.01	39.04	0	232.8	0	0	0	74.31	11890.6	19366.6	157728	85.86	0	189444.22
万柏林区	0	0	75.8	1518.67	1.28	192.69	20587.57	117.68	460.08	1420.27	12034.61	2001.36	4875.25	43285.26
晋源区	1.59	2.45	0	0	0	0	0	581	0	0	0	101.58	47490	48176.62
清徐县	7.71	14.37	0	76.28	0.06	9.68	0	6581.5	973.19	1477.69	11286.67	420.11	39.18	20886.44
阳曲县	0	0	0	1008	0	0	19.29	514.95	314.35	990.92	8633.84	4478.96	0	15960.31
娄烦县	47.84	80.63	0.41	925.26	0.77	116.13	23828.58	3910.65	196.44	418.99	3500.7	5991.58	22.17	39040.15
古交市	4.54	9.49	118.479	2720.29	2.17	325.77		20572	14035.8	27748.1	209497.95	4395.26	69.15	279498.999
合计	139.13	174.45	194.689	7338.27	4.42	661.696	45303.69	36369.97	27899.088	51481.68	403157.094	29932.9	56618.7	659275.777

（太原市）

续表

市	县（市、区）	人体健康和人类福利损失	废气治理投资费用	废水治理投资费用	固体废物堆存处置费用	堆存污染土壤损失	自燃矸石治理费用	水资源破坏损失	水土流失损失	植被破坏引起水源涵养下降损失	占用和破坏土地经济损失	氧气释放损失	土地复垦费用	沉陷区恢复费用	总计
		环境污染损失核算						生态破坏损失核算					土地恢复费用		
大同市	城区、矿区、南郊区	1067.24	1756.38	1373.44	13803.9	4.7	705.92	137250.7	27955.7	4523.23	13401.82	111161.62	9589.55	126912	449506.2
	新荣区	120.27	295.85	0	1341.24	0.3	45.55	8682.48	1930.9	143.09	73.41	432.21	1636.95	720.35	15422.6
	阳高县	0	0	2.32	0	0	0	0	0	165.73	470.64	3513.79	4199.38	0	8351.86
	天镇县	14.5	7.62	15.08	606.15	0	0	0	110.94	23.03	65.3	486.1	741.6	0	2070.32
	广灵县	79.86	61.65	44.33	375.26	0	0	0	56.86	64.13	180.8	1333.2	447.54	0	2599.3
	灵丘县	4.11	7.06	0	450	0	0	0	3904	106.46	309.04	2391.61	2387.49	0.01	9604.11
	浑源县	8.11	10.39	0	442.15	0	0	6957.56	2638.3	230.03	636.16	4771.77	13386.27	0	29080.74
	左云县	249.12	342.68	2.98	4624.1	3.91	586.71	60951.01	17556.69	29.89	84.39	623.74	42.67	2677.32	87775.21
	大同县	3.39	6.33	0	76.8	0	0	868.25	0	18.71	55.84	450.87	380.37	0	1860.56
	合计	1546.6	2487.96	1438.15	21719.6	8.91	1338.18	214710	54153.39	5304.3	15277.4	125164.91	32811.82	130309.68	606270.9
阳泉市	城区	0.72	0	0	0.03	0	0	0	674.38	0	0	0	0	0	675.13
	矿区	203.4	371.64	0	4091.05	3.46	519.06	29658	8951	812.2	2308.72	17265.79	3655.3	19698	87537.62
	郊区	69.57	96.56	0	19485.2	1.68	252.15	27552.4	8560.5	466.7	1129.67	9638.79	3510.3	5532	76295.52
	盂县	3171.37	6358.11	11.23	602.42	0.51	76.44	16535.3	10697.34	1063.67	3366.1	29477.84	1715.04	174	73249.37
	平定县	576.74	310.53	13.827	21074.3	17.67	2653.94	18564.1	0	16.08	9.2	55.9	2720.08	2.88	46015.247
	合计	4021.8	7136.84	25.057	45253	23.32	3501.59	92309.8	28883.22	2358.65	6813.69	56438.32	11600.72	25406.88	283772.887

续表

市	县（市、区）	环境污染损失核算						生态破坏损失核算					土地恢复费用		总计
		人体健康和人类福利损失	废气治理投资费用	废水治理投资费用	固体废物堆存处置费用	堆存污染土壤损失	自然矸石治理费用	水资源破坏损失	水土流失损失	植被破坏引起水源涵养下降损失	占用和破坏土地经济损失	氧气释放损失	土地复垦费用	沉陷区恢复费用	
长治市	郊区	20.48	34.1	37.167	1376.25	0.91	137.61	0	3238.25	2057.31	1055.81	6217.17	1286.24	12688.82	28150.117
	潞城市	34.07	19.76	25.46	726.21	0.01	1.55	1157.79	349.5	40.33	120.86	982	844.54	9	4311.08
	长治县	165.2	246.97	336.64	1986	1.68	251.98	75248.16	12697.42	4554.34	2347.91	13845.03	2820.15	25713	140214.48
	襄垣县	29.81	44.63	138.49	1173.64	0.95	142.55	42852.86	10224	351.39	247.71	1581.01	2420.28	2037.18	61244.5
	屯留县	131.53	193.28	53.64	3544.14	2.99	449.68	0	9902.52	41.96	83.83	606.78	773.35	11237.77	27021.47
	平顺县	0	0	3.02	1684.8	0	0	0	2338.63	0.03	0.08	0.61	2399.03	19.21	6445.41
	黎城县	0	0	0	468	0	0	0	643	0	0	0	0	0	1111
	壶关县	3.65	5.21	0	102.67	0.09	13.03	0	2232	2.01	1.48	9.5	228.21	2725.83	5323.68
	长子县	89.99	162.69	144.96	2116.17	1.79	268.5	37431.14	20313	370.62	258.96	1649.77	2982.87	865.04	66655.5
	武乡县	23.29	30.18	9.36	117.97	0.1	14.97	15339.05	5177	34.26	105.69	894.95	1316.6	0	23063.42
	沁县	0	0	0	288.36	0	0	0	4.56	0	0	0	54.66	0	347.58
	沁源县	658.91	594.7	63.02	5345.09	1.22	182.93	0	3983	263.17	620.23	4566.23	3192	2263.22	21733.72
	合计	1156.93	1331.52	811.757	18929.3	9.74	1462.8	172029	71102.88	7715.42	4842.56	30353.05	18317.93	57559.07	385621.957
晋城市	城区	0.79	0.91	16.28	316.24	0.26	40.131	6908.27	7423.08	5884.82	12081.23	98508.28	549.92	240.9	131971.111
	高平市	0	0	129.58	157.15	0	0	69459.84	21974.5	32802.4	37004.2	286266.24	2617.87	1956.36	452368.14
	泽州县	44.52	63.3	57.37	2721.54	1.74	260.65	44006.09	17005.2	23643.5	23058.1	166553.1	3495.79	173010	453920.9
	阳城县	21.19	19.89	238.57	1033.32	0.71	106.44	40190.24	12953.48	70295.2	184071	1534088.6	1378.56	4874.7	1849271.9

续表

市	县（市、区）	人体健康和人类福利损失	废气治理投资费用	废水治理投资费用	固体废物维存处置费用	堆存污染土壤损失	自燃矸石治理费用	水资源破坏损失	水土流失损失	植被破坏引起水源涵养损失	占用和破坏土地经济损失	氧气释放损失	土地复垦费用	沉陷区恢复费用	总计
晋城市	沁水县	27.01	39.04	171.52	1136.5	0.96	144.2	42505.18	36910.59	34633.5	54971.2	438926.58	2661.13	17862	629989.41
	陵川县	5050.14	1784.27	125.49	132.72	0.11	16.84	3183.38	2313.5	3678.58	3278.27	23260.91	183.6	63.07	43070.88
	合计	5143.65	1907.41	738.81	5497.47	3.78	568.261	206253	98580.35	170938	314464	2547603.71	10886.87	198007.03	3560592.34
朔州市	朔城区	0	0	2.92	0	0	0	37238.08	0	0	0	0	0	0	37241
	平鲁区	117.93	181	232.69	140899	7.52	1129.05	227673.92	12464	317.777	902.9	6750.2	10272.36	1.07	400949.417
	山阴县	111.36	181.87	0	2313	1.59	238.56	0	8758	101.53	225.7	1671.44	4838.18	30294	48735.23
	应县	0	0	0	0	0	0	0	15.2	6.28	19.93	174.9	87.64	0	303.95
	右玉县	70.25	103.12	0	169.84	0.14	21.55	0	3527.61	5.54	15.62	115.2	2096.53	336	6461.4
	怀仁县	201.35	389.59	104.53	3083.16	2.61	391.19	0		325.21	645.88	4725.6	1099.2	1418.12	12386.44
	合计	500.89	855.58	340.14	146465	11.86	1780.35	264912	24764.81	756.337	1810.03	13437.34	18393.91	32049.19	506077.437
忻州市	忻府区	81.98	113.74	0	0	0	0	0	1481.76	34.93	98.45	726.05	779.9	0	3316.81
	原平市	0	0	152.177	0	0	0	15165.32	0	506.41	1554.65	13072.56	4911.02	3603.73	38965.867
	代县	118.17	105.33	0	3568.7	0	0	0	3150.5	1423.04	4339.2	36146.4	1128.4	0	49979.74
	繁峙县	4.13	6.54	5.6	6052.34	0	0	0	2642.5	2090.2	3460.46	26435.2	1200.06	0	41897.03
	静乐县	23.13	34.92	42.11	698.52	0.59	88.637	4630.66	3234	32.04	98.09	826	970.35	0	10679.047
	定襄县	0	0	0	89.76	0	0	0	0	0.41	1.15	8.51	1907.7	0	2007.53
	五台县	6.19	11.31	0	25.32	0	0	5016.54	2637.5	0	0	0	2639.31	0	10336.17

续表

市	县（市、区）	环境污染损失核算						生态破坏损失核算					土地恢复费用		总计
		人体健康和人类福利损失	废气治理投资费用	废水治理投资费用	固体废物堆存处置费用	堆存污染土壤损失	自然矸石治理费用	水资源破坏损失	水土流失损失	植被破坏引起水源涵养下降损失	占用和破坏土地经济损失	氧气释放损失	土地复垦费用	沉陷区恢复费用	
忻州市	神池县	79.07	27.72	0	81.6	0	0	0	0	102.9	179.26	1285.25	1934.24	0	3690.04
	五寨县	0	0	0	66.85	0	0	0	59.75	0	0	0	14.6	0	141.2
	岢岚县	0	0	0	0.58	0	0	0	78.5	0	0	0	87.02	0	166.1
	偏关县	4.44	7.19	0	0	0	0	0	688	0	0	0	95.97	112.83	908.43
	河曲县	7622.86	2818.69	57.14	1927.92	0	0	47078.34	10368	212.72	599.69	4422.06	11390.16	5143.87	91641.45
	保德县	529.52	724.87	158.85	1027.2	0	0	58076.14	8770.52	606.34	909.55	6876.36	3607.45	1435.71	82722.51
	宁武县			240.04	772.01	0.65	97.95		17825.5	0.59	0.8	6.39	7452.82	536.56	26933.31
	合计	8469.49	3850.31	655.917	14310.8	1.24	186.587	129967	50936.53	5009.58	11241.3	89804.78	38119	10832.7	363385.234
吕梁市	临县	6.05	7.72	12.79	314.21	0.26	38.64	7563.5	5756.97	289.8	215.03	1413.14	1746.32	11.39	17375.82
	柳林县	118.77	105.24	39.93	67.12	0.06	8.52	22381.5	66.68	26.75	25.82	174.01	9073.86	292.52	32380.78
	文水县	0	0	0	233.82	0.05	7.74	2315.33	2729.9	0	0	0	1026.43	0	6313.27
	交口县	15.1	10.62	14.63	16529.2	0	0	6367.15	4825.65	4775.93	5238.93	38746.21	21088.1	419	98030.52
	中阳县	162.71	148.01	42.07	648.79	0.42	63.59	19699.58		1059.72	611.9	3767.86	3109.66	837.89	30152.2
	交城县	37.86	33.69	84.72	1110.15	0.73	109.4	14470.8	7363.56	5709.96	12410.5	101590.21	150.99	1075.08	144147.65
	石楼县	1.88	0.66	0	72	0	0	2315.33	510	11.24	35.34	306.91	190.74	0	3444.1
	孝义市	130	220.01	81.29	26309	22.13	3322.86	31891.71	0	5719.68	3470.35	21422.69	4310.44	25818.5	122718.66
	离石区	28.41	40.89	0	810.04	0.68	102.78	13602.55	0	214.88	205.94	1386.81	1190.96	5854.2	23438.14

续表

市	县（市、区）	环境污染损失核算						生态破坏损失核算					土地恢复费用		总计
		人体健康和人类福利损失	废气治理投资费用	废水治理投资费用	固体废物堆存处置费用	堆存污染土壤损失	自燃矸石治理费用	水资源破坏损失	水土流失损失	植被破坏引起水源涵养下降损失	占用和破坏土地经济损失	氧气释放损失	土地复垦费用	沉陷区恢复费用	
吕梁市	方山县	59.36	61.1	0	1060.84	0.49	73.07	7974.38	0	0	0	0	1703.78	0	10933.02
	兴县	83.49	158.92	0	2285.99	1.92	288.43	52693.01	6770.5	0	0	0	1519.6	5661.34	69463.2
	岚县	69.01	129.28	0	2222.12	1.77	265.66	4630.66	0	0.67	1.88	13.89	2345.21	17.39	9697.54
	汾阳	0	0	0	228.62	0.19	29.01	1736.5	0	113.87	151.31	1205.23	796.1	216.6	4477.43
	合计	712.64	916.14	275.43	51891.9	28.7	4309.7	187642	28023.26	17922.5	22367	170026.96	48252.19	40203.91	572572.33
晋中市	榆次区	44.2	73.57	0	260.65	0.2	33.06	11576.64	4425.53	1381.53	4193.16	34884.51	1335.74	24667.68	82876.47
	榆社县														
	左权县	15.23	23.77	66.42	2282.43	1.34	200.86	0	7128.56	78.98	238.62	2082.6	1242.05	31.44	13392.3
	和顺县	80.02	105.16	64.87	1066.14	0.85	127.05	0	13727.93	69.95	199.92	1740.48	8161.69	891.23	26235.29
	昔阳县	20.79	37.67	0	1348.26	1.14	171.07	34922.86	11400	640.09	1225.26	8858.48	12648.24	0	71273.86
	寿阳县	40.38	70.95	142.07	7592.57	6.42	963.35	0	1.56	2.84	8.01	59.07	335.61	0	9151.35
	太谷县	0	0	0	83.48	0	0	0	0	0	0	0	20.77	0	175.73
	祁县	0	0	0	0	0	0	0	0	0	0	0	0	0	0
	平遥县	36.43	71.99	64.06	278.13	0.2	29.81	0	2005.97	3.35	9.45	69.71	360.59	4926	7855.69
	灵石县	130.52	77.31	285.44	1099.78	0.87	130.4	0	14051	7.1	20.74	161.98	7014	774	23753.14
	介休市	48.98	60.11	0	694.36	0.59	88.1	0	8344	280.96	607.03	4912.43	3419.97	491.89	18948.42
	合计	416.55	520.53	622.86	14705.8	11.61	1743.7	46499.5	61084.55	2464.8	6502.19	52769.26	34538.66	31782.24	253662.25

续表

市	县（市、区）	环境污染损失核算						生态破坏损失核算							总计
		人体健康和人类福利损失	废气治理投资费用	废水治理投资费用	固体废物堆存处置费用	堆存污染土壤损失	自燃矸石治理费用	水资源破坏损失	水土流失损失	植被破坏引起水源涵养下降损失	占用和破坏土地经济损失	氧气释放损失	土地复垦费用	沉陷区恢复费用	
临汾市	尧都区	28.17	48.66	29.04	1371.68	1	149.674	12734.31	9217.95	3636.05	11017.71	92312.73	939.29	0	131486.264
	曲沃县	0	0	0	71.04	0	0	0	0	9.63	27.14	200.14	179.52	0	487.47
	翼城县	37.97	13.31	72.32	243.06	0.2	30.84	8103.65	4778.18	5729.95	6874.71	50506.78	4453.89	4002	84846.86
	襄汾县	16.29	5.71	0	1160.07	0	0	578.83	1139.79	1571.23	1461.19	10004.16	828.17	144.66	16910.1
	洪洞县	95.14	109.28	40.73	781.22	0.65	97.26	12867.44	10962.5	14918.9	19877.7	156691.37	4851.91	0.49	221294.59
	古县	61.18	70.96	58.63	847.87	0.72	107.58	5093.72	9161	270.34	461.1	3827.33	628.83	10148.22	30737.48
	安泽县	2161.61	2135.55	74.57	761.12	0.64	96.57	7524.82	1939.5	1581.48	3459.66	27882.06	285.6	0	47903.18
	浮山县	762.08	276.13	0	1044.24	0	0	1736.5	1552.5	1555.67	1983.99	14353.53	1362.48	1440	26067.12
	吉县	5.07	5.97	6.39	18.31	0.02	2.32	1736.5	527.5	486.39	1301.1	11250	0	0	15339.57
	乡宁县	65.15	89.03	48.44	2892.88	0	0	24484.59	18444.46	10011.9	31661.1	277034.4	1510.61	12.14	366254.7
	大宁县	0	0	0	1.4	0	0	0	0	0	0	0	18.66	0	20.06
	隰县	34.48	12.09	0	402.33	0.12	18.47	0	0	121.49	318.39	2339.79	3365.1	0	6612.26
	永和县	0	0	0	0	0	0	0	0	0	0	0	0	0	0
	蒲县	129.11	203.25	82.78	975.45	0.67	100.93	36466.42	12412.71	11999.8	25988.6	216384.74	18537.55	148.09	323430.1
	汾西县	9.63	3.38	0	247.2	0	0	0	2041.5	1.85	5.21	38.39	177.09	0	2524.25
	侯马市	0	0	0	0	0	0	0	43.9	15.72	29.07	241.67	9.76	0	340.12
	霍州市	17.44	24.82	98.92	316.93	0.27	40.21	23346.22	0	13035.5	8596.33	54095.86	1045.14	5474.4	106092.04
	合计	3423.32	2998.14	511.82	11134.8	4.29	643.854	134673	72221.49	64945.9	113063	917162.95	38193.6	21370	1380346.16

市	县（市、区）	环境污染损失核算						生态破坏损失核算					土地恢复费用		总计
		人体健康和人类福利损失	废气治理投资费用	废水治理投资费用	固体废物堆存处置费用	堆存污染土壤损失	自燃矸石冶理费用	水资源破坏损失	水土流失损失	植被破坏引起水源涵养下降损失	占用和破坏土地经济损失	氧气释放损失	土地复垦费用	沉陷区恢复费用	
	盐湖区	0	0	0	158.4	0	0	0	378.42	247.905	733.02	5837.52	673.29	0	8028.555
	永济市	0	0	0	335.52	0	0	0	0	0	0	0	0	0	335.52
	河津市	29.42	55.67	0	924.96	0.78	117.362	0	0	3.42	10.69	92.35	1634.62	8357.96	11227.232
	绛县	0	0	20.57	458.87	0	0	0	184.5	47.02	80.82	634.12	121.27	43.51	1590.68
运城市	夏县	0	0	0	15.27	0	0	0	943.5	5.44	15.46	115.51	4601.82	0	5697
	新绛县	0.89	1.69	0	212.4	0	0	0	0.12	247.91	733.01	5837.52	476.49	0	7510.03
	稷山县	0	0	0	49.92	0	0	0	65.5	0	0	0	20.16	0	135.58
	芮城县	0	0	0	24	0	0	0	55.37	28.14	87.31	744.78	423.82	0	1363.42
	临猗县	0	0	0	0	0	0	0	0	0	0	0	0	0	0
	万荣县	0	0	0	1.2	0	0	0	1878.78	28.11	79.75	594.4	927.28	0	3509.52
	闻喜县	0	0	0	171	0	0	0	1401.5	51.29	144.59	1066.22	6478.44	5.4	9318.44
	垣曲县	7.18	8.24	293.5	3293.19	0	0	0	1102.15	22.43	48.82	400.84	3646.5	1700.94	10523.79
	平陆县	18.95	26.6	0	228.83	0.19	29.03	1680.54	4354	222.51	269.82	2106.59	4967.5	0	13904.56
合计		56.44	92.2	314.07	5873.56	0.97	146.392	1680.54	10363.84	904.175	2203.29	17429.85	23971.19	10107.81	73144.327
全省总计		25587.44	22271.08	5928.7	343119.5	108.84	16343.11	1495979.53	536484.29	306218.75	550066.14	4423348.224	305018.79	614247.21	8644721.604

注：本表中的合计值和全省总计值以各县（市、区）的数据为分项值计算，由于计算方式不同，个别数据与正文中的数据略有差别。